Mätzener/Schwarz
Erfolgreiche Betriebsübergabe in Familienunternehmen

Manuela Mätzener
Guido Schwarz

ERFOLGREICHE BETRIEBSÜBERGABE IN FAMILIENUNTERNEHMEN

Emotionen – Konflikte – Perspektiven

Linde
international

Bibliografische Information der Deutschen Bibliothek

Die Deutsche Bibliothek verzeichnet diese Publikation in der Deutschen Nationalbibliografie; detaillierte bibliografische Daten sind im Internet über http://dnb.ddb.de abrufbar.

ISBN 978-3-7093-0231-6

Umschlag: buero8

1210 Wien, Scheydgasse 24, Tel.: 0043/1/24 630
www.lindeverlag.at

Druck: Hans Jentzsch & Co. GmbH.
1

INHALT

VORWORT

Jedes Buch hat seine Geschichte, so auch dieses.

Es beruht auf einer Studie, die Manuela Mätzener und Guido Schwarz von September 2006 bis Mai 2007 durchgeführt haben.

Im September 2006 begannen die beiden mit einer branchenübergreifenden Studie zum Thema „Lösungen für eine erfolgreiche Betriebsübergabe und -übernahme in Familienbetrieben", welche ein Jahr später am Freitag, 19. Oktober 2007, am Nachfolgetag von ifub – Institut für Familien & Betriebe (www.ifub.at) – präsentiert wurde.

In der Folge konnte das nun vorliegende praxisorientierte Handbuch produziert werden, gedacht als konkrete Unterstützung für Übergeber und Übernehmer vor, während oder nach dem Prozess der Übergabe/Übernahme.

Die beiden Autoren danken allen Interviewteilnehmern der Studie sowie all jenen, die den Grundstein zur Auseinandersetzung mit dem Nachfolgethema gelegt bzw. maßgeblich an der Studie mitgewirkt haben.

Unseren Leserinnen und Lesern wünschen wir viel Freude!

Manuela Mätzener und *Guido Schwarz*

PRÄAMBEL

Liebe Lisa!

Als dein Großvater schreibe ich dir all das zusammen, was du als junge Übernehmerin für deine schwierigen Aufgaben brauchen wirst. Ich habe selbst seinerzeit einen Betrieb übernommen und habe viele der Schwierigkeiten, aber auch die schönen Seiten des Unternehmertums kennengelernt.

Ich habe mir irgendwann die Frage gestellt, ob alle Menschen immer die gleichen Fehler machen müssen wie ihre Väter, Mütter, Großväter oder Großmütter. Meine klare Antwort ist NEIN – es ist auch erlaubt zu lernen.

In diesem Sinne habe ich all die wertvollen Geschichten und Erkenntnisse der letzten 30 Jahre gesammelt. Ich habe sie schon früher aufgeschrieben und jetzt noch einmal mit vielen lieben alten Freunden und Kollegen gesprochen.

Daraus ist dieses Manuskript entstanden, das dir hoffentlich auf deinem Weg behilflich sein wird. Möge es helfen, dir und noch vielen anderen Übernehmern und Übergebern Schwierigkeiten und Leid zu ersparen. Möge es ein Leitfaden sein, nach dem man sich richten kann und der vielleicht dem einen oder anderen Betrieb das Überleben ermöglicht. Die Zeiten sind schwierig für Übergaben und Übernahmen und eventuell können die Menschen guten Rat gebrauchen.

Gib dieses Manuskript denen, die es brauchen und die seiner würdig sind. Das darin enthaltene Wissen muss behutsam verwendet werden!

So wünsche ich dir Kraft und Weisheit und alles Gute auf deinem Lebensweg!

Dein Großvater

Die Ausgangslage

Ich habe ein wenig herumgestöbert und bin etwas erschrocken, als ich die Statistiken bekam:

51.000 Übernahmefälle waren und sind im Laufe der letzten acht Jahre in der österreichischen Wirtschaft aktuell geworden, viele tausend stehen noch bevor. Mehr als die Hälfte „überlebt“ den Übergang von der ersten zur zweiten Generation nicht, in die dritte Generation schaffen es 3 bis 4 Prozent.

Wenn man bedenkt, dass 80 bis 90 Prozent aller Unternehmen in Österreich zu den Familienunternehmen zu zählen sind und insgesamt 2/3 des Bruttoinlandsprodukts erwirtschaften, dann kann man die Bedeutung von erfolgreichen Übergabe/Übernahmeprozessen erahnen.

Zugleich ist evident, dass sich weniger als 50 Prozent aller Unternehmer zwischen 46 und 55 Jahren mit dem Thema aktiv auseinandersetzen oder das getan haben. Die Gründe dafür sind vielfältig und müssen in der folgenden Erörterung genau betrachtet werden. (Alle Quellen: Trefelik 1998)

Auch die Zahlen für Deutschland sehen nicht sehr rosig aus: Der Deutsche Industrie- und Handelskammertag (DIHK) zeigt in seinem Unternehmensbarometer (Berlin 2007) auf, dass pro Jahr in etwa 43.000 Betrieben an die 150.000 Arbeitsplätze gefährdet sind – allesamt durch das Problem der ungelösten Unternehmensnachfolge. Das IfM Bonn meint sogar: „Dies führt dazu, dass die Zahl der von Unternehmensnachfolgen berührten Arbeitsplätze von 907.000 (im Jahre 2000 ff.) auf knapp 680.000 im Jahre 2005 ff. zurückgehen wird.“ (Quelle: IfM Bonn, „IfM Bonn berechnet die Statistik der Unternehmensnachfolgen neu“, 2004)

Mir sind zwar keine genauen Daten bekannt, es ist aber anzunehmen, dass es in der Schweiz und möglicherweise auch in anderen Ländern Mitteleuropas nicht anders aussieht. Die Problematik auf der Ebene, die ich dir hier zu vermitteln versuche, spielt sich nicht in betriebswirtschaftlichen Kennzahlen und steuerrechtlichen Fragen ab (obwohl diese natürlich sehr wichtig sind), sondern dort, wo die Menschen miteinander leben, arbeiten, kooperieren und eben auch streiten. Wenn ein Vater mit seinem Sohn einen Generationskonflikt hat, dann spielt es keine Rolle, ob die beiden in Stockholm oder Palermo streiten. Das Scheitern einer Betriebsübergabe, so meine Erfahrungen, tut überall gleich weh.

Die Gespräche

Ich habe mit fast 100 Leuten gesprochen, quer durch alle Branchen und Schichten, mit Männern, Frauen, Übergebern und Übernehmern vor, während und nach der Übergabe bzw. Übernahme. Recht oft habe ich auch mit jeweils beiden gesprochen und die Unterschiede sind bemerkenswert. Aber dazu später.

Leider kann ich dir nicht die Namen der Betriebe und auch nicht die meiner Gesprächspartner nennen. Viele dieser netten Menschen stehen mitten in einer schwierigen Phase ihres Lebens, manche wollen auch einfach anonym bleiben. So stieß ich meist auf große Offenheit und nicht wenige schütteten mir ihr Herz aus. Sie wollen aber verständlicherweise nicht erkannt werden und darauf habe ich Rücksicht genommen.

Die Ausarbeitung

Unternehmer reden gern über die Geschichte des Unternehmens, die in vielen Fällen auch ihre persönliche Lebensgeschichte ist. Sie sind dabei nicht einfach zu steuern, weil die vorgefertigte Variante der Geschichte erzählt werden will.

Es war somit nicht leicht, die enormen Mengen an Datenmaterial, die in all meinen Gesprächen entstanden sind, zu ordnen und so zu kürzen, dass dieses Büchlein nicht zu dick wird. Also habe ich jeweils kurze Ausschnitte aus den Gesprächen eingefügt, um dir die Emotionalität, die Menschen und deren Schicksale näherzubringen. Dazu gibt es da und dort kleine Ausflüge in die Welt der Theorien und Modelle. Sie sollen dir helfen, die Aussagen und Geschichten besser zu verstehen, schließlich wirst du selbst einen Betrieb führen müssen und solltest wissen, worum es eigentlich geht.

Es war mir besonders wichtig, dir die Problematiken darzustellen, die vielen Verstrickungen und die oft sehr komplexen Landschaften, die sich in Familiensystemen und Organisationen zeigen. Ich habe aber auch nicht die Lösungen vergessen, die es geben muss, damit du nicht nur die Problematik kennst, sondern auch weißt, was man dagegen tun kann und wie man es tun muss.

Da und dort habe ich selbst Hilfe in der Literatur gesucht und dabei interessante Bücher gefunden, wo kluge Menschen so klar und gut geschrieben haben, dass ich sie gern zitiere, denn da habe ich nichts mehr hinzuzufügen.

Um dir die Arbeit in Zukunft zu erleichtern, habe ich praktische Tipps für dich eingebaut – manchmal als einzelne Hinweise, manchmal gesammelt in einer Liste. Ich habe diese Stellen speziell markiert, damit du sie schnell findest, wenn du selbst in Schwierigkeiten kommst oder einer Kollegin oder einem Kollegen einen Rat geben musst.

Mit der modernen Stilvariante des „Genderns" habe ich als alter Mann nicht viel am Hut. Wenn ich von einem „Gründer" in der allgemeinen Form spreche, dann meine ich immer auch, dass es genauso gut eine „Gründerin" sein kann.

DIE PROBLEMATIK

Familienunternehmen stehen früher oder später vor dem Problem, dass der alte König müde wird. An niemandem geht die Zeit spurlos vorüber und irgendwann wird der Firmengründer und Besitzer alt. Oftmals hat er einen Sohn (oder eine Tochter oder einfach jemanden, der jung ist), an den/die er übergeben kann – doch das ist nicht so einfach.

Gerade Familienunternehmen haben – und das oft über Jahrzehnte – den permanenten Balanceakt zwischen rein inhalts- und zielorientierter unternehmerischer Kommunikation und rein beziehungsorientierter familiärer Kommunikation zu leisten.

Ob eine Firma oder eine Familie – all diese „Systeme" folgen bestimmten Strukturen, Gesetzmäßigkeiten und Ordnungen. Diese können aus unterschiedlichen Gründen verletzt oder missachtet werden. Die Folge sind immer wieder beharrlich auftretende Probleme, Unwohlsein der Beteiligten und ein „krankes" System. Ein Mittel zur „Gesundung" solcher Systeme stellt etwa die Organisations- oder die Familienaufstellung dar, eine recht moderne Methode, über die ich dir später noch berichten werde.

Besonders interessant ist die Vermischung dieser beiden sozialen Systeme in Familienbetrieben: Die Zugehörigkeit in Organisationen kann man aufkündigen, die in der eigenen Familie nicht.

Dies zeigt sich speziell bei der familieninternen Übergabe eines Unternehmens, das von der Elterngeneration oft als „ihr Lebenswerk" bezeichnet wird. Häufig kommt es zu Spannungen und Konflikten, die sowohl das Unternehmen als auch die Familie betreffen.

Durch die Übergabe wird die eigene Identität in mehrfacher Hinsicht bedroht:

- Es erfordert eine Aufgabe der speziellen Form der Selbstbestätigung.
- Es gleicht für viele einer Relativierung der eigenen Einzigartigkeit.
- Daraus resultiert das Aufgeben der Kontrolle über die operativen Geschäfte, aber auch über die Strategien und somit über die gesamte Zukunft des Unternehmens.

Dadurch entsteht beim Übergeber/Gründer oft der Eindruck, dass die Nachfolgegeneration weder die Motive der Gründung noch die harten Jahre des Aufbaus noch die daraus folgende Identifikation mit dem Unternehmen verstehen kann (oder will). Gerade behüteten Unternehmerkindern wird oft vorgeworfen, dass sie von harter Arbeit (und als solche verstehen die Gründer ihr eigenes Schaffen) nichts verstehen oder halten und somit nicht geeignet sind, den elterlichen Betrieb zu übernehmen. Sie werden sich nicht im gleichen Ausmaß um das Unternehmen kümmern.

> TIPP 1: Der erste und einer der wichtigsten Tipps, die ich dir überhaupt geben kann, ist folgender: Versuche stets, die beiden (Übergeber und Übernehmer) so an einen Tisch zu bekommen, dass sie miteinander konstruktiv reden können. Das muss sehr sorgfältig vorbereitet werden, vor allem dann, wenn starke Emotionen im Spiel sind und es in der Vergangenheit schon die eine oder andere Kränkung gab. Familien sind „Starkstromsysteme", weil es meist um die Problematik von Leben und Tod geht (dazu später mehr), und es bedarf großer Sorgfalt, um diesen Starkstrom kontrollieren zu können. Letztlich müssen die beiden jedoch miteinander reden, damit der Prozess erfolgreich verläuft.

Die emotionalen Folgen sind vielfältig: das Ausweichen vieler Familienunternehmer vor diesem Thema oder aber eine „zu späte" oder „schwammige" Nachfolgeregelung. Die wirtschaftlichen Folgen sind hinlänglich bekannt. Wer nur den unternehmerischen Aspekt sieht, vernachlässigt die Schutzfunktion innerhalb des Familiensystems.

Die persönliche, innerfamiliäre Seite ist viel sensibler und wird in der Regel ausgeblendet. Gerade im Übergabeprozess von Familienbetrieben ist es wichtig, diese Ebene zu reflektieren und Erwartungen sowie – vor allem immaterielle – Wertvorstellungen bewusst zu machen, um Vertrauen und Sicherheit zu entwickeln. Ich habe selbst erlebt, dass hier gute Beratung vielen Familienunternehmen helfen kann, die Nachfolge rechtzeitig und professionell zu gestalten. Auch du wirst hoffentlich eine gute und verständnisvolle Unternehmerin werden, die aber auch einmal hart sein kann, etwa wenn sie auf so verbockte alte Esel trifft, wie ich einer bin. Hätte ich seinerzeit einen guten Berater oder eine gute Beraterin gehabt, wären mir viel Ärger und Geld erspart geblieben!

Ich kann nur allen Unternehmen dringend empfehlen, sich einen guten Berater bzw. eine gute Beraterin zu suchen, denn leider können sich nicht alle Menschen auf ihre Bauchentscheidungen verlassen – entweder haben sie verlernt, sie richtig zu deuten, oder sie unterliegen einem Irrtum. Meine Großmutter hat einmal gesagt: „Der liebe Gott hat uns den Kopf gegeben, damit wir nachdenken, bevor wir etwas tun!" Auch wenn langes Zerreden und endloses Grübeln oft der falsche Weg ist – ein wenig Nachdenken da und dort hat noch niemandem geschadet.

Also habe ich die wichtigsten Denkmodelle und Hypothesen hier zusammengefasst. Sie spielen für unser Thema eine große Rolle.

Die Gründungsmotive

Folgende **Motive** (vgl. Löwenstein 2004) führen zur Gründung eines Unternehmens:

- das Streben nach Autonomie bzw. Vermeiden von Abhängigkeit,
- der Drang, etwas Eigenes auf die Beine zu stellen, z.B. um der Umwelt – vorzugsweise den Eltern – etwas zu beweisen,
- die Sehnsucht nach der Bewältigung von Existenzängsten, etwa als Antwort auf das Gefühl, vom Staat nicht ausreichend versorgt zu sein.

Zwei Faktoren beeinflussen besonders die Gründung und die Entwicklung eines Familienunternehmens:

- die Leistungsfähigkeit und Persönlichkeit des Gründers und
- die situative Möglichkeit, also die Umweltbedingungen.

Zu allen Zeiten haben Menschen Unternehmen gegründet. Auch unter meinen eigenen Bekannten finden sich einige mutige Menschen, die das Risiko des Scheiterns kalkuliert und sich danach für die Gründung entschieden haben:

Aufgrund einer Kriegsverletzung (Kopfschuss) in Russland wurde der Soldat Thomas Graf 1915 nicht mehr an die Front eingezogen. Durch die Kontakte, die er sich in den knapp zwei Kriegsjahren geschaffen hatte, bot sich eine interessante Gelegenheit, Geld zu verdienen. Gemeinsam mit zwei Freunden schmuggelte er Schweine aus Ungarn durch den Leitha-Fluss bis nach Wien. Mit dem erwirtschafteten Geld eröffnete er danach eine Fleischhauerei in Wien und gelangte zu beachtlichem Wohlstand. Die Fleischhauerei wurde nicht an seinen Sohn weitergegeben, da dieser im 2. Weltkrieg an der russischen Front getötet wurde. Die Tochter heiratete einen Zahnarzt und wollte die Firma auch nicht übernehmen. Das Geschäft wurde verkauft und existierte noch einige Zeit am selben Standort.

Der Gründung liegen oft **Schicksale** zugrunde, wie das einer mir sehr gut bekannten Weinbäuerin, die mir ihre Geschichte erzählt hat, wie sie es zu einem florierenden Heurigen gebracht hat:

„Mein Mann war Geschäftsführer einer Fabrik. Zwischen 1973 und 1983 entstanden Abfindungskosten für alte Mitarbeiter in Höhe von 5 Millionen Schilling, die der Firma das Genick brachen. Davor hatte ich den kleinen Weingarten verpachtet, dann aber alles selbst bewirtschaftet – und mir kam die Idee, einen Weinbetrieb aufzumachen. Der Traubenverkauf selbst war uninteressant und es ging uns finanziell eh schlecht, also habe ich gemeint: Probieren wir es! Von den Eltern bekam ich ein paar Heurigentische und Geschirr und so haben wir Anfang der 1980er-Jahre angefangen. Im ersten Jahr hatten wir nur ein paar Wochen offen, dann aber länger. Wir hatten Weingärten dazugepachtet, einen nur zwei Grundstücke weiter, einen weiteren am Stadtrand von Wien, das war dann aber doch zu weit weg. Vor einigen Jahren habe ich dann zwei Weinberge über der Donau gekauft und die haben wir seitdem betrieben. Seit drei Jahren macht das aber ein landwirtschaftliches Lohnunternehmen, das alle Arbeiten im Weingarten erledigt außer der Lese. Um die kümmern wir uns selbst und unseren kleinen Weingarten machen wir komplett selbst. Im Laufe der Jahre hat sich alles gut entwickelt. Das Buffet haben wir ausgebaut und ich habe eine kleine Zusatzkonzession, mit der ich auch warme Speisen verkaufen darf."

All das führt meist zu einer **starken Identifikation** des Gründers mit seinem **Lebenswerk**, das er gern weiter bestehen sehen will.

Ich habe das bei fast allen mir bekannten Familienbetrieben erlebt: Menschen engagieren sich für ihre **Firmen** fast wie für **Kinder** – manchmal sogar noch stärker. Hier finden wir auch die Verstrickung von Familie und Organisation, auf die ich später noch eingehen werde, weil sie zu den wichtigsten Theorien zählt. Folgende Geschichte einer engagierten Gründerin (eine Kafferösterei) zeigt die Tragweite, ihr Sohn hat sie mir erzählt:

„Die große Konkurrenzfirma hatte riesig viel Geld und wir haben den Prozess verloren. Ein Ausgleich wäre besser gewesen, aber meine Mutter meinte, sie wolle die gesamten Schulden abbauen und alles den Lieferanten etc. zurückzahlen. Das hat sie dann auch geschafft, von 1968 bis 1972 wurde alles beglichen. Aber dann musste sie zusperren, erst die beiden Filialen und dann das Stammgeschäft. Meine Mutter hatte da sicher ihren Stolz und hat sich sehr mit dem Geschäft identifiziert."

Im 20. Jahrhundert wurden sehr viele Unternehmen gegründet, die heute von der zweiten bis vierten Generation geführt werden. Gerade **nach dem Krieg** war die Lage einerseits sehr schwierig, aber andererseits auch günstig. Ein junger Landwirt hat das folgendermaßen beschrieben:

„Das Ganze war nach dem Krieg, es war alles sehr kaputt und es war eine harte Zeit. Zugleich war es aber gerade da möglich, einen Betrieb zu gründen, da niemand viel hatte und daher auch nicht alles so teuer war wie heute. Das könnte sich heute niemand leisten und keine Bank würde das finanzieren!"

Die Zeiten ändern sich und jede Zeit bringt ihre eigenen Gründungsgeschichten. Begünstigt durch den **Wirtschaftsaufschwung** oder durch das Aufkommen einer neuen Technik wurden aus Angestellten **Unternehmer**. Ich kenne viele solche und einer hat mir von seinem Urgroßvater erzählt:

„Gegründet wurde die Firma 1896 vom Urgroßvater Otto. Er war nach London ausgewandert und lernte das Handwerk der Textilerzeugung mit Maschinen kennen. Ursprünglich kam er aus Krefeld. Dann kam der Auftrag: Gehen Sie nach Wien und bauen Sie dort ein Geschäft auf! Das war dann das erste Büro. Verkaufen Sie dort unsere Waren – so hieß es! Die ersten waren Feuerlöscher und Sprinkleranlagen. Der Großvater war Wehrmachtsingenieur und viel am Balkan stationiert, daher auch die guten Kontakte in die Gegend, die bis heute bestehen und die Firma zu großem Erfolg brachten."

Die Gründung eines Familienbetriebes kann auch aus einer **Übernahme** kommen – das Ergebnis ist dann das gleiche, erzählte mir der Besitzer eines Geschäfts für spezielles Autozubehör:

„Schon 1996 suchte ich eine Lehrstelle für meinen Buben. Ich fragte damals bei diesem Geschäft an und erfuhr, dass es zum Verkauf stand. Der Kaufpreis war

aber zu hoch, denn das Geschäft warf nicht mehr so viel ab wie früher, die Margen waren gesunken. Am 19. Januar 2002 wollten die Besitzer endgültig in Pension gehen und dann ist noch ein Interessent abgesprungen und ein Branchenfremder auch, denn den mochten wiederum die Besitzer nicht, weil er das Sortiment wesentlich ausdehnen wollte. Dann kam ich, hab mir drei Bilanzen zeigen lassen und mit meinem Steuerberater gesprochen. Der hat dann einen sinnvollen Kaufpreis ausgerechnet und am 1. Juni 2002 habe ich das Geschäft gekauft. Wichtig war, dass der Kaufpreis stimmte, dass ich den Mietvertrag ohne Erhöhung übernehmen und dass mein Bub anfangen konnte. Er ist jetzt 25 Jahre und angestellt und wächst langsam in das Geschäft hinein."

Sein Sohn wird dieses Geschäft einmal übernehmen – und schon ist wieder ein Familienbetrieb in der zweiten Generation entstanden.

Die Generationendynamik

Unser erstes Modell ist die Generationendynamik – zugleich ist dies auch der wichtigste Faktor, denn er entspringt aus einem Grundwiderspruch, den ich dir näher erklären muss. Einen Teil dieses Modells habe ich bei Gerhard Schwarz (Konfliktmanagement, Gabler Verlag 2006) gelesen, er spricht hier von „Institutionskonflikten". Wir bleiben bei den Widersprüchen, das ist schon kompliziert genug.

Worum es eigentlich geht, möchte ich hier gleich an den Anfang stellen: Eine der wichtigsten und oft für das Überleben eines Unternehmens zentralen Bedingungen ist die **erfolgreiche Bearbeitung von Widersprüchen**. Menschen sind nur Menschen und wir handeln nicht immer so gescheit, wie wir es gern täten. Stattdessen mischen sich Emotionen hinein, Ängste, Hoffnungen, Sorgen, Wünsche, aber auch Zuversicht, Mut und andere Gefühle. Verdrängen ist keine gute Variante, also muss man lernen, damit sinnvoll umzugehen. Überall dort, wo menschliche Gefühle im Spiel sind, wird die Logik verdrängt, vergessen, nicht mehr beachtet. Wo Menschen miteinander zu tun haben, entstehen somit Widersprüche. Die Frage ist: Wie geht man damit um? Das müssen wir uns im Detail ansehen, denn der Übernehmer bzw. auch der Übergeber, der es schafft, die spezifischen Widersprüche in den Griff zu bekommen, hat sehr gute Chancen auf Erfolg.

Der Widerspruch jung–alt

Der Widerspruch jung–alt gehört zu den vier Grundwidersprüchen der Menschen (neben weiblich–männlich, lebendig–tot und eins–vieles). Er ist für eine Vielzahl von archaischen Konflikten zuständig und natürlich auch für den Generationskonflikt. Väter und Söhne, Mütter und Töchter – wir haben es hier mit unterschiedlichen Problematiken zu tun. Da die meisten Unternehmer bis in die heutige Zeit männlich sind, spreche ich hier meist von Vätern und Söhnen. In den nächsten Jahrzehnten wird es hier eine deutliche Veränderung geben, Gründerinnen und Übernehmerinnen werden stark aufholen.

Wenn wir noch etwas tiefer blicken, dann finden wir den zweiten Grundwiderspruch, der möglicherweise noch entscheidender und grundlegender ist: Leben und Tod.

Philosophisch betrachtet haben wir es hier mit einer **Aporie** (griechisch: aporia – Ausweglosigkeit) zu tun, also mit dem Phänomen, dass wir an zwei Prinzipien, Fakten etc. folgende drei Merkmale feststellen:

- **Sie widersprechen einander** (das eine ist das Gegenteil vom anderen).
- **Sie bedingen einander** (das eine ist nicht ohne das andere denkbar).
- **Sie sind beide wahr** (oder berechtigt oder notwendig).

Wenn man nun eine Seite emporhebt (zur Wahrheit erklärt) und die andere wegstreicht, fällt die emporgehobene auch weg. Dies ist ein sehr kompliziertes Denkmodell, das in seinen Ursprüngen auf die Logik des Aristoteles zurückgeht und für uns in unserer westlich-abendländisch-aufgeklärten Kultur immer noch das zentrale Modell ist. Fernöstliche Logiken sind ganz anders aufgebaut, greifen bisher bei uns aber noch nicht oder nur teilweise. Für unsere Problematik ist dieses Denkmodell jedoch außerordentlich wichtig und das muss ich dir erklären:

Der Übergeber will das Erschaffene am Leben erhalten und dies ist nur möglich, wenn er es sterben lässt. Hier finden wir einen weiteren – für unser Thema wichtigen – Widerspruch, der sich aus dem Grundwiderspruch von Leben und Tod ableiten lässt: **verändern und bewahren.**

Auch dieser Widerspruch lässt sich nicht einfach auflösen: Nur ein Verändern bewirkt, dass das Ursprüngliche bewahrt werden kann. Nur wenn die Firma modernisiert wird, kann sie bewahrt, d.h. wirtschaftlich prosperierend weitergeführt werden.

Die Lösung liegt somit im **Management von Widersprüchen**: Nur wenn es gelingt, durch den Tod zum Leben, durch das Verändern zum Bewahren zu kommen, kann eine Übergabe erfolgreich sein.

Nur wer verändert, erschafft Bewegung, also Leben. Nur wer verändert, tötet das Ursprüngliche, wählt also den Tod. Aus dem Tod entsteht das Leben und umgekehrt. Diese uralte Dynamik und dieses Management der Widersprüche finden sich in der Übergabe-Übernahmeproblematik wieder. Das ist einer der Gründe, weswegen die dabei auftretenden Prozesse so schwierig zu managen sind und entsprechend oft scheitern. Wir haben es schließlich mit einer Grundproblematik zu tun, die der Menschheit seit Anbeginn ihrer Existenz zu schaffen macht. Mit dem Widerspruch von Leben und Tod mussten sich schon die Steinzeitmenschen auseinandersetzen.

Die Grundprinzipien, die sich aus den Widersprüchen ableiten, finden sich in der Praxis der Übergabe-Übernahmeprozesse stets wieder:

Nur dort, wo das Alte abstirbt, hat das Neue Platz, um zu leben. Nur dort, wo der Alte aus dem Unternehmen ausscheidet, kann der Junge sich seinen eigenen Platz schaffen.

Nur wer den Tod (die Veränderung des Alten) wählt, erhält das Leben (die Erhaltung des Alten). Nur wer es zulässt, dass der Junge mit dem Unternehmen seine eigenen Wege geht, wird „sein" Unternehmen weiter existieren lassen. Ich formuliere es noch schärfer: Nur wer sein Lebenswerk aufgibt, kann es erhalten.

Dies gilt natürlich auch auf Übernehmerseite: Nur wer den Tod wählt (die Beibehaltung des Alten durch seine Würdigung, also eine gewisse Form der Nicht-Veränderung), erhält das Leben (in Form einer weiterführbaren Basis, auf der er aufbauen kann). Nur wer den Tod wählt (die Veränderung des Vorhandenen), erhält das Leben (die weitere Existenz des mühsam Aufgebauten).

Leben ist Kraft. Viele Unternehmer schöpfen ihre Kraft aus der durch sie gegründeten und nun prosperierenden Firma, in die sie viel Energie hineingesteckt haben. Eine Übergabe ist auch ein gewisser Verlust der Kraft, ein Übergeber hat es auf erstaunliche Weise mir gegenüber auf den Punkt gebracht: „Ich brauche kein Viagra, ich habe eine Firma." Die Kraft entsteht nicht nur durch das in der Firma enthaltene Eigentum, mit dem man sozusagen viele Kinder ernähren kann, sondern auch durch die Position, die der Gründer einnimmt – das ist dann soziale Kraft, die er ausstrahlt. In einem streng patriarchalischen System wie dem unserer Gesellschaft ist dies ein hoch einzuschätzendes Gut. Die Bewunderung nicht nur der Frauen, sondern auch der männlichen Konkurrenz erhält der Patriarch durch seine Stellung an der Spitze. Dies aufzugeben fällt vielen nicht leicht.

TIPP 2: Versuche bei deinem Übergabe-Übernahmeprozess herauszufinden, wo es um Leben und Tod geht. Nicht immer nehmen die Menschen gleich diese Worte in den Mund, aber überall dort, wo du auf große Ängste stößt, die in ihrem Ausmaß vielleicht seltsam erscheinen, liegt der Verdacht nahe. Dann sei dir gewiss, dass es um Themen geht, die möglicherweise nicht direkt ansprechbar sind. Auch du solltest in deiner Wortwahl vorsichtig sein. Loslassen hat mit Ablösen zu tun, auch die „Lösung" ist hier ambivalent besetzt, sie beinhaltet Verlust und Tod, zumindest den Tod des Bisherigen. Das Verändern des Betriebs ist auch das Verändern dessen, was der Vater erzeugt, aufgebaut, erschaffen hat. Auf der tiefenpsychologischen Ebene kommt dies dann einem Vatermord gleich!

Das Alte existiert nur durch die Reproduktion seiner selbst über einen längeren Zeitraum. Nur wer Kinder zeugt, kann die eigenen Gene unsterblich machen. Nur wer einen Sohn/eine Tochter hat, kann ihm/ihr auch etwas vererben (die Gene, die Firma, das Lebenswerk, die eigenen Ideen und Gedanken etc.). Statt Sohn lässt sich im Bereich der Übergabe eines Unternehmens auch „Nachfolger" einsetzen (bzw. „Nachfolgerin" im Falle einer Frau). Ich habe mir schon vor langer Zeit die Frage gestellt, ob es einen Unterschied macht, ob ein Mann oder eine Frau an der Spitze steht. Frauen haben weniger das pathologische Gefühl „Ich sterbe aus", weil sie Kinder gebären können, während Männer den Betrieb zum „Kind" machen. Deshalb kann ein Mann einen Betrieb gut an seinen Sohn, der ihm sehr ähnlich ist, weitergeben. Wie aber ist das mit den Übergeberinnen? Diese Frage konnte ich noch nicht klären, vielleicht wirst du dies einmal tun.

TIPP 3: Versuche dir darüber klar zu werden, welche Rolle die Genderthematik in dem Übernahmeprozess spielt. Manchmal hängen wichtige Entscheidungen an der „Männlichkeit" oder der „Weiblichkeit" fest, sind aber nur auf unbewusster Ebene greifbar, möglicherweise nur durch einen externen Berater. Ist es wichtig, ob der Übernehmer ein Mann oder eine Frau ist? Wie sieht die Geschlechterfolge in der Familie aus? Gibt es hier Altlasten? Diese und ähnliche Fragen solltest du dir stellen, wenn es um den Kern der Übergabeproblematik geht.

Nur wer sein Lebenswerk abgibt, es „ver-äußert", aus der Innerlichkeit freigibt, kann es über seinen eigenen Tod hinaus am Leben erhalten – dies ist bereits der Anspruch auf Ewigkeit (als letztlich nicht erfolgreiche Bewältigungsstrategie gegen die Ängste vor dem eigenen Tod) und die einzige Form, wie sie erreicht werden kann. Es ist dabei nicht notwendig und sinnvoll, über die nächste Generation hinaus zu denken, denn damit nimmt man dem Nachfolger die Bürde der notwendigen Verantwortung weg und somit auch die Kraft, das Unternehmen selbst zu führen, am Leben zu erhalten, zu ernähren. Er ist dann nur Verwalter oder Treuhänder und wird notwendige Entwicklungsschritte nicht machen können, weil ihm die Basis der Entscheidung fehlt, sobald der Alte nicht mehr gefragt werden kann. Eine gewisse Ausnahme bildet der Generationswechsel in landwirtschaftlichen Unternehmen, da hier Menschen und Land (Boden) extrem stark miteinander verbunden sind. Die immer wieder anzutreffende Meinung, dass man das Land nur von seinen eigenen Nachkommen geborgt hat, ruft eine imaginäre Ahnen- und Nachkommenreihe hervor, der man verpflichtet ist. Dies ist ein interessanter Ansatz für den Umweltschutz.

Den Sohn oder die Tochter als Vasallen einzusetzen, ihm bzw. ihr die Möglichkeit der eigenen Gestaltung zu nehmen, verhindert eine erfolgreiche Weiterführung des Unternehmens. Lehr- und Wanderjahre etwa ermöglichen dem jungen Menschen, sich seine eigene Existenz aufzubauen und vor allem zu lernen, eigene Entscheidungen zu treffen. Diese mögen ganz anders aussehen, als sie sich der Alte vorstellen will und kann – aber genau darin liegt die Kraft der Jugend, der Nachfolger, der Übernehmer – mit ihnen kommt oft die eigentlich wichtige Veränderung, die manchmal schon längst überfällig war und dem Unternehmen erst eine Zukunft garantiert. Der Nachfolger eines Handelsunternehmens schildert den neuen Kurs, den er eingeschlagen hat:

> *„Wenn der Vater der Ansicht war, dass etwas nett sei, dann hat er es gekauft, egal ob es sinnvoll war. Ich bin da der Sparmeister und habe etliche Leute entlassen und die Kosten runtergefahren. Das hat enorm viel bewirkt und wir stehen heute schuldenfrei und mit guten Gewinnen da!"*

Die Erneuerung ist oft eine Frage der Zeit – wenn nicht irgendwann frischer Wind in das Unternehmen bläst, fällt es in der Entwicklung zurück. Hier darf ich eine Hypothese beisteuern: Jeder Mensch kann nur eine bestimmte Menge Veränderung und Erneuerung einem Unternehmen zumuten. Der Drang nach einer gewissen Kontinuität führt dazu, dass Unternehmer, wenn sie älter werden, bestimmte Dinge nicht mehr ändern – schließlich ist man mit dem Aufgebauten ja viele Jahre „gut gefahren“. Hier steckt aber auch die Gefahr, dass ohne Verjüngung keine Weiterexistenz möglich ist.

Es gilt die Gratwanderung zwischen Spielwiese und Ehrfurcht vor dem Alten zu schaffen:

> *„Mir hätte mit 33 keiner eine Firma in die Hand gegeben. So hatte ich eine als Spielwiese und konnte all das ausprobieren, was ich in den USA gelernt hatte.“*

Wer die geerbte oder geschenkte Firma nur als Spielwiese für sein Ego betrachtet, wird in den meisten Fällen keinen Erfolg haben, denn ein Spielzeug tauscht man gegen ein neues, wenn es nicht mehr interessant ist – einem Spielzeug gegenüber gibt es keinen Grund, Verantwortung zu übernehmen. Es gilt aber auch das Gegenteil: Der Junior muss die Firma als Herausforderung sehen, er muss sehr wohl eigene Gestaltungsmöglichkeiten haben und entsprechend große Veränderungen bewirken. Die Senioren hängen meist an Dingen, die sie im Laufe der Gründung und der Expansion erzeugt, erfunden, verwendet haben. Diese sind manchmal im Laufe der Jahre und durch den Wandel des Marktes veraltet und bedürfen dringend einer Erneuerung. So hat sich der Vater des oben zitierten Übernehmers mit der Notwendigkeit der Erneuerung abgefunden und unterstützt seinen Sohn:

> *„Die Marke ist zwar gut und eingeführt, aber es wird nur noch ein paar Jahre dauern, bis die Chinesen in puncto Qualität aufgeholt haben, und dann ist die Marke tot – mein Sohn bereitet sich heute bereits darauf vor.“ (Er zeigte mir Plagiate aus China, die auch den Markennamen aufweisen – die Qualität ist angeblich sehr schlecht.)*

In einer Familienaufstellung, die sich während der Arbeit als Organisationsaufstellung herausstellte (oder umgekehrt), bekam der Junior von den Repräsentanten gesagt, dass er eine große Verantwortung für das Wohl und die wirtschaftliche Existenz vieler Mitarbeiter übernehmen würde: „Wir haben alle Familie zu Hause.“ Diese Erkenntnis war ein ziemlicher Schock, aber zugleich auch ein wichtiger Schritt, um sozusagen in die Fußstapfen des Seniors treten zu können. Die Tatsache war längstens bekannt, die Erkenntnis kam trotzdem erst, als er das Bild vor Augen hatte. Diese Methode, die als wichtiges Werkzeug in der Beratung von Familienunternehmen dient, werde ich später noch genauer erläutern.

Umgekehrt muss der Junge das Aufgebaute würdigen, um es weiterführen zu können. Wenn er das Oberste zuunterst kehrt und umgekehrt, wird er meistens keinen Erfolg haben. Sobald die Traditionen verschwunden sind, sind auch oft die Stammkunden weg und die Firma versinkt in die Bedeutungslosigkeit, aus der sie nur mit sehr viel Kraft und manchmal überhaupt nicht mehr herausgeholt werden kann.

Auch hier gibt es eine Grenze: Wenn der Junior aufgrund von Angst- und Schuldgefühlen oder aus Ehrfurcht vor dem Senior keinerlei Veränderungen wagt oder – noch schlimmer – unbewusst alles so tut, wie es der Alte getan hat, zugleich aber in dem Bewusstsein verharrt, alles neu zu machen, dann gibt es nicht ausreichend Weiterentwicklung und der Fortbestand des Unternehmens ist genauso gefährdet.

TIPP 4: Beachte immer die Notwendigkeit der Balance zwischen Bewahren und Verändern, zwischen Altem und Neuem. Berater können hier zwar einen wertvollen Beitrag leisten, letztlich müssen es jedoch beide Seiten erkennen und es ist ihnen manchmal nur schonend beizubringen, wenn überhaupt. Achte auch darauf, dass manchmal viele andere Probleme in diese Frage „hineingeschummelt" werden. Es gilt im Prozess, diese fein säuberlich voneinander zu trennen!

Der nächste Widerspruch tut sich auf: Der Junge muss die Ausbildung bekommen, die notwendig ist, um das Unternehmen in einer modernen Zeit weiterzuführen. Zugleich muss er auch eine Ausbildung bekommen, die es ihm ermöglicht, die alten Traditionen zu respektieren, zu erhalten.

Väter wollen Ewigkeit und sie sind bereit, ihr Handeln konsequent danach auszurichten. Manchmal tappen sie hier in eine Falle. Söhne eignen sich gut als Träger der Ewigkeit. Man möchte sein eigenes Leben in dem des Sohnes fortgesetzt wissen und deshalb versucht man, ihn quasi als „besseres Ich" großzuziehen. Er hat die gleichen Hobbys und findet die gleichen Frauen attraktiv (inklusive Mama, aber das ist eine andere Problematik). Nun ergibt es sich, dass der Sohn entweder auch so ist wie der Vater – damit entsteht ein Konkurrenzproblem – oder ganz anders, etwa weil er sich in der Phase der Konterdependenz (Auflehnung gegen die Autorität – das erkläre ich dir später) vom „Alten" losgesagt hat und nun nicht Betriebswirtschaft studiert, sondern etwa Theaterwissenschaften:

„Ich bin meinem Vater sehr ähnlich und auch stur. Ich bin es gewohnt, eigene Entscheidungen zu treffen, und so würden wir – wenn wir gemeinsam in einem Unternehmen arbeiten – ständig aneinanderkrachen. Bisher war ich in der Firma meines Vaters nur in Form von Ferienjobs beschäftigt.“

Der junge Mann wirkte im Gespräch tatsächlich sehr stürmisch. Aber oft sind die Widersprüche so beschaffen, dass man die Gegenseiten austauschen kann und das Bild verändert sich nicht wirklich: Er ist wie sein Vater – und doch ganz anders. Er würde auf die gleiche Art und Weise agieren – und doch würden sie aneinanderkrachen!

Der Sohn ist nun einmal anders und zugleich so wie sein Vater:

„Identität? Ja, das ist ganz wichtig, schon mein Großvater und mein Vater haben sich sehr mit der Firma identifiziert. Mein Sohn ist da aber ganz anders als ich. (Ich sagte: Das glaube ich nicht.) Okay, auf Messen wird er immer wieder gefragt, ob er mein Sohn ist, das stimmt schon.“

Leider musste ich über viele Jahrzehnte immer wieder beobachten, dass das Vertrauen in den Nachfolger gestört ist. Wenn Väter ihren Söhnen nicht vertrauen, dann ist der Übergabeprozess besonders schwierig und bedarf doppelter Beratungsleistung. Ein Übernehmer eines Handelsunternehmens erzählte mir von seinen Schwierigkeiten mit dem Vater, der ihm nicht vertraute:

„Ich habe es z.B. geschafft, dass wir den Hofer beliefern. Und mein Vater sagte in der Öffentlichkeit: ‚Ich habe den Hofer bekommen.‘ Ich habe sein Agieren drei bis vier Jahre lang ertragen, doch das hat mich extrem gestört, dass er alles auf sich bezieht. Mein Vater hat mich z.B. vor den Kunden immer nur ‚Vertreter‘ genannt und nie gesagt, dass ich sein Sohn bin.“

Nehmen wir an, dass der Sohn tatsächlich an einer Übernahme der Firma interessiert ist. Den Idealfall habe ich selbst vor ein paar Jahren beobachtet: Ein Unternehmer – etwa Mitte 50 – beschloss, seine Firma den beiden Söhnen zu übergeben. Er hatte das Unternehmen mit viel Fleiß und Mühe aufgebaut und hatte nun genug. Die Jungen waren bereit, das Geschäft zu übernehmen, und der Alte gab es her. Als Ersatz – schließlich war er noch aktiv und voller Tatendrang – kaufte er sich einen riesengroßen Unimog-Gelände-LKW, ließ diesen um insgesamt 300.000 Euro als Expeditionsmobil herrichten und befährt seitdem die Welt. Er ist bis zu zwei Monate autark, kann Wüsten durchqueren und sonst noch einige verrückte Dinge tun. Die Firma interessiert ihn nicht mehr, seine Söhne machen das gut und entwickeln das Unternehmen nach ihren

Wünschen weiter. Der Vater hatte genügend Geld, um sich seine Pensionsträume zu erfüllen, und konnte dies außerdem tun, solange er noch bei guter Gesundheit war.

Leider läuft es nicht immer so sauber, denn aus der Vater-Sohn-Beziehung kann auch etwas ganz anderes entstehen. Etwa dann, wenn der Vater nicht loslassen kann. Er hat sein Unternehmen mit Ewigkeitsanspruch gegründet (übrigens ein Mythos, der in Organisationen weit verbreitet ist und von unserem Rechtssystem auch noch gefördert wird!) und möchte, dass sein Werk ihn überdauert. Dies kann jedoch nur geschehen, wenn er es rechtzeitig loslässt – nur dann kann es erfolgreich weiter bestehen, denn Väter pflegen ihr aufgebautes erweitertes Ich (und genau darum handelt es sich bei den meisten Familienunternehmen) nicht massiv zu verändern. Das ist aber oft notwendig, um die Firma der modernen Zeit und ihren Strömungen anzupassen.

TIPP 5: Vertrauen ist in einem Übergabe-Übernahmeprozess dermaßen wichtig, dass man es direkt ansprechen muss, zumindest bei einem Defizit – aber immer auch dann, wenn man das Gefühl hat, dass hier alles in Ordnung ist. Diese Vertrauensfrage kann oft nur durch den „Katalysator" in Form des Beraters angesprochen werden; meist ist sie von beiden Seiten mit Angst besetzt, denn je nach Ergebnis folgen daraus Schlüsse, die für die Existenz aller Beteiligten von entscheidender Bedeutung sein können. Aber beachte: Ansprechen ist gut, und auch wenn hier der Berater unterstützen kann – die Lösungen müssen immer von den beiden „Kontrahenten" selbst erarbeitet werden!

Bei einer erfolgreichen Weitergabe übernimmt der Sohn (oder jemand anderer, der in die Rolle des leiblichen Sohnes schlüpft) das Unternehmen und führt damit den Familienbesitz in die Zukunft.

Diejenigen Väter, die nicht weitergeben können, ziehen ihre Anwesenheit im Unternehmen so weit hinaus, bis sie entweder wirklich nicht mehr können oder die Firma den Bach runtergegangen ist, etwa weil notwendige Modernisierungen oder andere Veränderungen, Anpassungen an den neuen Markt, die neue Gesellschaft etc. nicht erfolgt sind. So berichtet eine Übernehmerin, dass es fast unmöglich ist, die „Alten" ohne ihren Willen zu entfernen:

„Meine Mutter wird hier sterben wie mein Opa auch, der bis 88 Jahre da war und sich – selbst als er schon geistig umnachtet war – noch täglich von

der Oma herführen ließ, um zu sehen, ob die Firma noch steht. Mir wäre es lieber, sie würde gehen. Aber das wird nicht passieren."

Richtig schwierig wird es, wenn der Vater nach außen hin sehr wohl weitergeben will, jedoch nur zu seinen Bedingungen, die etwa lauten können: „Nur wenn mein Sohn genauso weitermacht, wie ich es getan habe, übergebe ich ihm die Firma. Sonst bleibe ich selbst bis zum bitteren Ende oder suche mir jemanden, der das besser macht als mein Sohn."

Hier besteht eine massive Illusion, dass es nämlich möglich ist, das eigene Ich in einer anderen Person weiterleben zu lassen – im Idealfall natürlich im eigenen Fleisch und Blut.

Manchmal wird mit Bedauern festgestellt, dass der Sohn (oder die Tochter) anders ist als der Vater oder die Mutter. Ein Schlosser erzählte mir über seinen Sohn Folgendes:

„Eltern sehen ja mit der Zeit, ob ein Kind will und kann. Natürlich gibt es da eine Sorge um die Kompetenz beim Sohn, denn Entwerfen ist meine Spezialität, das kann der Sohn nicht. Er ist kein Handzeichner. Doch meine Entwürfe werden gesammelt und auf die könnte er zurückgreifen. Dass das so ist, tut mir schon leid. Die künstlerische Ader ist bei meiner Tochter stärker ausgeprägt."

Dies kann sehr problematisch sein, wie folgendes Beispiel zeigt, in dem sich der Sohn definitiv von der Übernahme zurückgezogen hat und die Maschinenfabrik seines Vaters nicht übernehmen will:

„Ich bin mit Leistung, Leistung und wieder Leistung aufgewachsen. In den letzten 20 Jahren sind wir, glaube ich, drei Mal auf Urlaub gefahren. Irgendwie bin ich eine ‚Uptime'-Version von meinem Vater, das sehe ich natürlich nicht gern. Wir sind beide Widder. Ich bin zehn Jahre zu spät geboren worden, um aktiver Betriebsnachfolger zu werden, denke ich. Der aktuelle Stand ist der, dass es für beide eine Last ist und mein Vater nicht in Pension gehen wird, weil er nur mich und niemand anderen als Nachfolger möchte. Mein Vater war bei seinem Vater immer Mädchen für alles. Ich hätte mir im Betrieb keinen eigenen Bereich schaffen können. Und es gab kein finanzielles Polster, auf dem ich hätte experimentieren können. Also ist es aus meiner Sicht gut, dass ich den Betrieb (noch) nicht übernommen habe. Ich hatte damals schon – mit einem leichten Seufzen – die Erkenntnis: Wenn es der Vater nicht schafft, von dieser Illusion abzurücken, so ist der Firma keine gute Zukunft beschieden."

Manche Väter machen es noch ein wenig cleverer: Sie versprechen dem Sohn nach außen hin freie Handhabe, führen jedoch dann eine Art Schattenmanagement, das dem Sohn jegliche Handlungsfreiheit nimmt. Da sie den Betrieb in- und auswendig kennen, ist so eine Variante kein großes Problem – die Väter wissen stets, wo sie sich einmischen können.

Wir stehen hier vor einer Identitätsproblematik: In den meisten Fällen haben die Väter in harter Arbeit die Firma aufgebaut – die Familie musste zurückstecken und man hört nicht selten, dass sich „der Chef und die Chefin schon seit über 20 Jahren keinen Urlaub gegönnt haben" (einmal waren sie in Mariazell und niemand erinnert sich gern daran). Oftmals sind auch noch alle Beteiligten stolz darauf und übersehen, dass hier ein massives Identitätsproblem lauert. Die „Alten" können umso schwerer loslassen, je enger sie mit dem Gesamtgebilde verschmolzen sind. Wenn sie gewohnt waren, dass jahrzehntelang ohne ihre Anwesenheit nichts, aber auch gar nichts ging, so bedarf es enormer Anstrengungen, um die Ablösung und in der Folge die Übergabe zu bewerkstelligen.

Nicht ganz ohne Grund bedienen sich clevere Altherren der Unternehmensberatung, vor allem wenn sie einsehen, dass dieser Prozess ihre eigenen Kompetenzen übersteigt. Das ist vor allem dann der Fall, wenn entsprechende Emotionen beteiligt sind, also ziemlich oft.

Ich will es scharf formulieren: „Ich bin die Firma", sagt der Alte, wenn er diese Form der Selbsterkenntnis erreicht hat. Eine Übergabe ist dann umso schmerzloser, je mehr der Junge dem „Ich" des Vaters ähnelt. Dies simuliert eine Ungebrochenheit der Identität, die in der Praxis natürlich utopisch ist, es sei denn, beide pflegen in gutem Einverständnis die oben erwähnte Schattenwirtschaft. Das geht aber nur eine gewisse Zeit lang gut, nämlich solange der Alte noch entsprechend rüstig ist und der Junge nicht auf dumme Gedanken kommt – die sich oft als gar nicht so dumm herausstellen würden, wäre da nicht die Problematik der Konterdependenz.

Ich habe diesen Begriff jetzt schon mehrfach gebraucht und glaube, ich muss ihn erklären. Wir haben es hier mit einem Phänomen der menschlichen Entwicklung zu tun, das in unsere Problematik direkt hineinspielt. Also habe ich für dich einen kleinen Exkurs vorbereitet und stütze mich dabei auf die Ausführungen von Gerhard Schwarz (Schwarz, Gerhard: Die „Heilige Ordnung" der Männer, VS Verlag, 2007).

Das Dependenzmodell

Dieses Denkmodell ist überhaupt das älteste sozialwissenschaftliche Modell, nämlich das Problem der Abhängigkeit. Abhängigkeiten zu akzeptieren ist eines der Grundprobleme von Menschen in ihrem hierarchischen System. Abhängigkeiten sind aber notwendig, da Menschen sich sonst nicht organisieren könnten, und Abhängigkeiten sind problematisch, weil sie Freiheiten einschränken, den Menschen zu einer Maschine, einem abhängigen Instrument machen.

Nun finden wir die These, dass es nur **drei Formen von Abhängigkeit** gibt, die man am besten verstehen kann, wenn man sie entwicklungsgeschichtlich betrachtet:

- Der Mensch wird geboren – wir haben zu diesem Zeitpunkt den Zustand der **Dependenz**, der **völligen Abhängigkeit**. Diese Dependenz ist Voraussetzung für das Überleben. Es sind zwei Menschen da, aber nur einer davon trifft Entscheidungen. Das Kind wird davon betroffen – würde man die Entscheidungen für das Kind nicht treffen, hätte das Kind keine Überlebenschancen. Daher muss ein Kind einen Pullover anziehen, wenn der Mutter kalt ist.
  Diese Abhängigkeit verändert sich im Laufe der Zeit, im Laufe der kindlichen Entwicklung. Zwischen dem zweiten und vierten Lebensjahr gibt es irgendwann einmal die Situation, dass z.B. die Mutter sagt: „So, jetzt kommst du zum Essen", und der Kleine sagt auf einmal „Nein". Mütter sind in solchen Fällen oft erstaunt und wissen im ersten Moment nicht, wie sie darauf reagieren sollen. Sie tun es meistens jedoch in der Form, dass das Kind gezwungen wird: Die Mutter weiß schließlich, wie viel Nahrung das Kind braucht, da sie ja alle Entscheidungen trifft und daher auch das notwendige Wissen hat (haben muss): „Sag doch nicht nein, du hast ja Hunger, du musst was essen!" Dann zerrt man das Kind zum Essen und das kann eskalieren, denn das Kind will eben genau das nicht. Wenn man es nach einiger Zeit fragt: „Warum nein?" – dann kann es keinen Grund nennen, sondern nur, dass es etwas nicht will, das die Mutter will. Das ist für das Kind ein ganz bestimmendes, notwendiges Erlebnis. Diese Phase wird in ihrer Wichtigkeit stark unterschätzt und von den Erwachsenen „Trotzphase" genannt, weil sie als Beteiligte ihre eigenen Gefühle mitbewerten. Der Sinn dieser Phase ist, dass das Kind erkennt, dass es einen eigenen Willen hat. Solange es immer nur das will, was auch die Mutter

oder der Vater will, weiß es nicht, ob es das selber will oder nicht. Die einzige Möglichkeit herauszubekommen, dass sein Wille sein eigener Wille ist, ist, dass das Kind einmal „Nein“ sagt. Es weiß nicht, was es will, sondern weiß nur, was es nicht will, nämlich das, was die Eltern von ihm wollen. Verbal kann sich dies in der Extremform äußern, etwa indem die Kinder sagen: „Nein, ich will nicht!“

Diese erste Identitätsfindungsphase dauert etwa acht Wochen. Es gibt zwei Erziehungsfehler, die Eltern in dieser Zeit begehen können: Der eine Fehler stammt aus der klassischen Erziehung, der Art unserer Eltern und Großeltern: Man lässt Trotz nicht aufkommen, benützt die eigene Stärke für Repressionsmaßnahmen, die Kinder werden auf unterschiedlichste Weise bestraft: sie bekommen nichts zu essen, werden eingesperrt oder verprügelt – sie müssen schließlich gehorchen lernen und sich dem Willen der Erwachsenen beugen.

Wenn dies zu extrem durchgeführt wird, besteht die Gefahr, Kindern in diesem Alter das Rückgrat zu brechen. Sie werden – das ist heute die allgemeine Auffassung der Entwicklungspsychologie – in ihrem Leben nie wieder einer Autorität Widerstand leisten können. Wenn sie im Berufsleben vom Direktor richtig angepflaumt werden, dann sagen sie: „Jawohl!“ Solche Menschen werden dann autoritäre Strukturen bevorzugen und fühlen sich nicht wohl, wenn man ihnen nicht genau sagt, was sie tun sollen. Das ist die autoritäre Übertreibung der Erziehungssituation. Es gibt aber auch den umgekehrten Fehler, die antiautoritäre Übertreibung: Wenn ein Kind gegen eine Regel verstößt, sich gegen eine Anordnung wehrt, lässt man es gewähren. Diese Methode ist im Endeffekt genauso falsch und gefährlich wie die autoritäre. Der Sinn dieses Widerstandes besteht ja darin, gegen eine Regel zu verstoßen. Dazu braucht das Kind aber ein Gesetz. Wenn man eine Gummiwand aufbaut und sagt, „Du hast ja recht“, dann gelangt man mit dieser Methode auch bald an eine Grenze: Spätestens im Straßenverkehr muss man das Kind, wenn es sich losreißen will, festhalten und ihm seine Grenze zeigen. Die Situation der Eltern ist vergleichbar mit einer Segeltour zwischen Skylla und Charybdis: Es ist ausgeschlossen, keine Fehler zu machen.

Nach einiger Zeit ist die erste Trotzphase vorbei und es kehrt wieder Ruhe ein.

- In der Pubertät kommt diese Phase wieder und erreicht einen Höhepunkt. Die Söhne und Töchter fangen an, die Lebensweise und die Entscheidungen der Eltern in jedem nur erdenklichen Punkt zu kritisieren: Ihr Beruf ist uninteressant, die Art und Weise, Urlaub zu machen, ist spießig und mit dem Auto kann man sich nicht zur Schule fahren lassen – was würden denn die Freunde denken! Die Jugendlichen probieren aus, gegen welche Entscheidungen der Eltern sie revoltieren können: Man räumt das Zimmer nicht mehr auf und hilft nicht bei der Hausarbeit – mal sehen, wie sich die „Alten" dagegen auflehnen, wenn man nicht das tut, was sie wollen. Wenn der Vater „A" sagt, dann sagt der Sohn „B" und umgekehrt. Das ist allerdings auch eine Form von Abhängigkeit, jedoch mit umgekehrtem Vorzeichen: Wir befinden uns in der Phase der **„Konterdependenz"**, der **„Gegenabhängigkeit"**. Sie ist deswegen eine Form der Abhängigkeit, weil man ja wiederum eine Anordnung braucht, um dagegen zu sein. Nur ist es schon sehr viel differenzierter als in der Trotzphase, denn es betrifft die ganze Existenz des Vaters: Wenn er religiös und wertkonservativ ist, lässt der Sohn überall das kommunistische Manifest herumliegen, weil er weiß, dass das den Vater ärgert. Wenn der Vater ein alteingesessener Linker ist, entdeckt der Sohn plötzlich die Bibel, geht in die Kirche usw. In dieser Phase gibt es auch wieder die zwei Fehler. Der eine ist die autoritäre Übertreibung, wenn etwa der Vater eine Rechtsanwaltskanzlei hat und der Sohn sagt: „Ich studiere aber Medizin." „Kommt ja gar nicht infrage, du studierst Jus", antwortet der Vater. Der Sohn sagt: „Ich studiere aber Medizin." „Gut", sagt der Vater, „dann zahl das Studium selber und schau, dass du ein Stipendium bekommst." Das kriegt er nicht, denn der Vater verdient zu viel, und so sagt der Sohn: „Gut, du hast recht, ich studiere doch Jus." In dem Fall hat der Sohn die Kurve gekratzt und ist eigentlich zur Dependenz zurückgekehrt.

  Es gibt aber auch das andere Extrem. Angenommen der Vater plant einen gemeinsamen Familienurlaub in Italien. Eines Tages beim Mittagessen sagt der junge Mann, dass er nicht mitfährt. Der Vater greift in die Tasche und gibt ihm ein paar Hunderter mit den Worten: „Gut, fahr, wohin du willst." Der Sohn wird plötzlich still, denn er hat ja Widerstand erwartet: Der Vater wird ihn zwingen wollen und schimpfen, in jedem Fall eine Mauer gegen seine Konterdependenz bilden. Stattdessen hat der Vater so-

fort nachgegeben und der Sohn nimmt jetzt an, dass die Eltern ihn nicht mitnehmen wollen. Plötzlich will er dann doch mitfahren.
In dem Fall hat der Vater die Kurve gekratzt und es ist wieder die Dependenz geblieben. Wir haben hier eine schwierige Situation: Wenn der Sohn nachgibt, bleibt Dependenz, wenn der Vater nachgibt, bleibt auch Dependenz. Wir können daraus schließen, dass der Sinn sowohl der autoritären wie der antiautoritären Erziehung ist, dass die Kinder dependent bleiben. Beide haben genau denselben Sinn und auch genau denselben Effekt. Es muss also zu einem notwendigen Konflikt kommen, den man nicht vermeiden kann, wenn Identität entstehen soll.
Es gibt Menschen, die bleiben zeitlebens etwa vom Elternhaus dependent. Es gibt Kulturen, in denen das gefördert wird. In unserem Kulturkreis ist in gewissem Maße die Selbstständigkeit des Menschen gefragt, daher muss man durch diese Sollbruchstelle durch. Das heißt: Nur wenn der Sohn eine Entscheidung gegen den Willen seines Vaters trifft und der Vater bleibt dabei, dass das blöd ist, und der Sohn macht das, obwohl der Vater sagt, dass das blöd ist, dann – und nur dann – kann der Sohn sicher sein, dass es seine eigene Entscheidung ist. Dann und nur dann ist Entwicklung möglich. Selbstverständlich können auch problematische Situationen entstehen, wenn Konterdependenz zu Ende geführt wird. Wenn junge Menschen deswegen heiraten, weil die Eltern dagegen sind, dann erschöpft sich die Funktion des Ehepartners recht bald nach der Hochzeit: Der Partner oder die Partnerin diente in erster Linie dazu, eine Entscheidung gegen die Eltern zu treffen.
Wenn der Sohn die Firma nur deswegen nicht übernimmt, weil er damit dem „Alten" eins auswischen kann, dann hat die Konterdependenz ihre Funktion nicht erfüllt. Wenn er jedoch die Firma nur übernimmt, weil er sich gegen die Autorität des Vaters nicht wehren kann und in der Dependenz stecken geblieben ist, dann ist das genauso schlecht. Die Variante, über ein paar Jahre ins Ausland zu gehen, ermöglicht nicht nur interessante Erfahrungen, sondern auch die Konfrontation mit dem eigenen Ich, das sich in der Fremde bewähren muss. Die jungen Menschen, die von einem Auslandsaufenthalt zurückkommen, bringen oft „seltsame" Ideen mit. Diese sind aber manchmal nur Zeugnis eigener getroffener Entscheidungen.
Meistens gelingt die Ablösung mithilfe einer Konkurrenzautorität: Das kann ein Lehrer, ein Fußballtrainer, ein Mädchen sein, um gegen das El-

ternhaus zu protestieren. Etwas, worüber die Eltern sich wahnsinnig ärgern. Man vermutet, dass alle Ehen, die innerhalb des ersten Jahres geschieden werden, diese Konterdependenzfunktion hatten.
Autoritäten sind notwendig und werden von Menschen auch gesucht: Wenn der Vater nicht vorhanden ist, dann richtet sich die Konterdependenz gegen die Mutter oder gegen die Großmutter. Wenn man sie in der Familie nicht finden kann, dann muss der Lehrer in der Schule herhalten. Wenn dieser aufgrund einer Überzahl an konterdependenten Schülern überfordert ist, so sucht man sich andere Autoritäten, die einem den „Reibebaum" bieten können, den man braucht, um Widerstand aufzubauen – die Polizei bietet sich hier an. Manche Menschen verbleiben auch nach der Pubertät in vielen wichtigen Bereichen ihres Lebens konterdependent und gehen bis ins hohe Alter demonstrieren, egal wogegen.

- Wenn nun jemand gegen den Willen der Autorität eine Entscheidung getroffen hat und auch dabei geblieben ist, dann ist der Glaube an eine erlangte Freiheit leider eine Illusion. Der junge Mann ist jetzt z.B. verheiratet und wieder nicht frei, sondern abhängig, und zwar gegenseitig. Wir nennen das **Interdependenz** oder auch **„wechselseitige Abhängigkeit gleichwertiger Partner"**, die dritte Stufe in unserem Modell. Das kann auch in einer Arbeitsgruppe sein, wenn drei oder vier oder fünf Personen zusammen sind, die verschiedener Meinung sind, und trotzdem kooperieren sollen. Der A ist vom B genauso abhängig wie der B vom A – was es aber nicht gibt, ist die **„Independenz"**, die **Unabhängigkeit**. Das ist eine Illusion in der Konterdependenz, nämlich die Illusion, man könnte unabhängig sein. Unabhängig sind nur zwei Menschen, die nichts miteinander zu tun haben. Sobald sie etwas miteinander zu tun haben, halten sie entweder alles, was einer sagt, für richtig, also sind sie dependent; oder sie halten alles, was einer sagt, für falsch, dann sind sie konterdependent. Ebenfalls unmöglich ist der Weg von der Dependenz in die Interdependenz unter Verweigerung der Konterdependenz. Diese Phase durch die Konterdependenz muss auf jeden Fall überall dort durchlaufen werden, wo es Dependenzen gibt. Dabei können zwischen zwei Menschen alle drei Phasen auch gleichzeitig auftreten: Man kann bei jedem Menschen Dimensionen erkennen, in denen er dependent ist, andere, wo er konterdependent ist, und wieder andere Dimensionen, wo er interdependent ist.

> Wir nennen dieses Modell, bei dem Menschen in ihrer Entwicklung von der Abhängigkeit von den Eltern in die wechselseitige Abhängigkeit gleichwertiger Partner gelangen, übrigens „**Emanzipation**" und sie hat nichts mit Frauen im Speziellen zu tun, sondern ist ein Modell der menschlichen Entwicklungsgeschichte.

Kommen wir zum eigentlichen Thema zurück und sehen uns an, was die Konterdependenz auf der Seite des Juniors auslöst. Nicht nur der erste Fall – wenn der Vater nicht übergeben will –, sondern auch der zweite Fall ist problematisch: Der Sohn will nicht übernehmen, die Firma des Vaters nicht weiterführen; er ist stolz darauf, anders zu sein als der Vater, andere Interessen zu haben etc.

Man kann so etwas auch würdigen, es sei denn, es handelt sich um die eben beschriebene Konterdependenz: Der Sohn ist dagegen, weil er damit gegen den Vater sein kann, gegen die Autorität, an die er anders nicht herankommt und ohne deren Abwertung er nicht sich selbst als den Abwertenden erkennen kann.

> **TIPP 6:** In so einem Fall gilt es erst den Sohn bei der Überwindung der Konterdependenz zu unterstützen, bevor man die Übergabeproblematik angeht. Hier kannst du vielleicht das von mir aufgezeigte Modell gut verwenden, um dir deine eigene Entwicklung zu überlegen. Im Idealfall erkennst du, in welcher Phase du in Bezug auf die Übergabeproblematik steckst, und kannst die richtigen Konsequenzen daraus ziehen!

Wenn die Beteiligten hierbei nicht einverstanden sind, so wird man die Vater-Sohn-Übergabe möglicherweise nicht durchführen können und der Vater muss sich jemand anderen suchen, der zur Verfügung steht.

Eine externe Person kann den Betrieb kaufen – das ist ein sehr häufig praktizierter Versuch, das Problem zu lösen. Dabei tauchen nun diejenigen Schwachstellen auf, die gerade bei einem Familienunternehmen bei der Übergabe von einer auf die nächste Generation oft übersehen werden, wie etwa die genaue Bewertung der vorhandenen Werte. Dies wird bei einer externen Übergabe fast immer genau festgelegt und führt oft zu Enttäuschungen seitens der Übergeber, die der Meinung sind, ihr Lebenswerk hätte mehr Wert.

Daher versuchen sie, möglichst viel von ihrem Lebenswerk zu erhalten und die Übernehmer dazu zu bringen, nach ihren Vorgaben das Geschäft weiterzuführen. So erzählt eine potenzielle Übernehmerin eines Blumengeschäfts, welche Schwierigkeiten sie dabei hat:

„Die Besitzerin möchte jetzt gleich, sofort und ungeprüft übergeben. Sie ist irritiert durch meine Fragen, durch meine klaren Preisvorgaben. Sie reagiert deshalb oft sehr unwillig. Sie verhandelt auch mit anderen (andere Branchen, Ausländer etc.). Sie will aber eine Nachfolgerin, die sich mit der alten Kundschaft auskennt, auf den Bedarf der Friedhöfe eingeht, die das akzeptiert, dass es ein altes Blumengeschäft ist, die ihr die Ablöse zahlt, die sie haben will, die keine Geschäftsveränderung im optischen Bereich macht usw. Sie hat ziemlich viele Forderungen. Zum Beispiel, dass ihre Kunden nach ihrem Ausscheiden so betreut werden, wie sie es will."

Im Falle einer Weitergabe an ein Familienmitglied lassen sich solche Forderungen sicher leichter durchsetzen.

Es stellt sich auch noch die Frage, wie es nach der Übergabe weitergeht. Nicht immer ist ein totaler Ausstieg gut, erwünscht oder möglich. Hier eine Variante:

„Ich würde die jetzige Besitzerin gern entweder auf Teilzeit oder geringfügig beschäftigt weiter im Betrieb haben. Wenn sie komplett aufhört, würde ich es bedauern. Die dritte Variante ist die, dass wir beide eine Kapitalgesellschaft gründen. Aber dazu hat sie sich bisher nicht geäußert und das ist sicherlich auch schwierig."

Mit diesem Thema beschäftigen wir uns ein wenig später.

BINDUNG, ORDNUNG UND AUSGLEICH

Nun, liebe Lisa, möchte ich dich noch mit einem weiteren wichtigen Modell vertraut machen. Es geht um die Frage von **Bindung**, **Ordnung** und **Ausgleich**.

Überall dort, wo Menschen zusammenleben oder auch arbeiten, gibt es Faktoren, die ihre Beziehungen beeinflussen. Die Schwierigkeit liegt nun darin, dass diese Faktoren unterschiedlich wichtig sind, je nachdem, ob man es mit einer Familie oder einer Organisation zu tun hat.

Wenn sich diese zwei Formen des Zusammenlebens nun vermischen, entsteht aufgrund der unterschiedlichen Gewichtungen eine Spannung, die im schlimmsten Fall zu einer Zerreißprobe wird für die Familie, das Unternehmen oder beide.

Ich werde dich vorsichtig durch dieses schwierige Thema führen und versuchen, dir die einzelnen Aspekte gut zu erklären.

Mein erster Hinweis: „Je kleiner, desto Familie. Je größer, desto Organisation." Damit meine ich, dass kleine Firmen dazu tendieren, sich – zumindest teilweise – wie Familien aufzuführen. Das merkst du in der Art, wie sie intern kommunizieren, wie sie miteinander umgehen. Das Du-Wort ist oft eine nicht hinterfragte Selbstverständlichkeit und allein aufgrund der Kleinheit ist direkte Kommunikation (also jeder mit jedem) möglich.

TIPP 7: Versuche, die „familientypischen" Umgangsformen herauszufinden. Sammle sie und überlege dir, welche Bedeutung und vor allem welche Auswirkungen sie haben. Das ist eine gute Basis für eine Diskussion, bei der man sehr schnell zu den eigentlich wichtigen Themen kommt. Diese Umgangsformen müssen übrigens nicht unbedingt geändert werden. Es ist schon hilfreich, sie samt ihren Auswirkungen zu kennen.

Familien hingegen tun oft gut daran, ein wenig Organisation einzuführen, vor allem wenn es sich um große Familien handelt. Manchmal gibt es ein ganzes Dutzend Familienmitglieder, die in einem großen Unternehmen tätig sind. Die Entscheidungen, die dann gemeinsam getroffen werden müssen (schließlich sind die Familienmitglieder oft auch noch Gesellschafter, Manager oder Eigentümer), erfordern einen beträchtlichen logistischen Aufwand.

Ich erzähle jetzt schon so lang über Familien und Betriebe, habe dir aber noch gar nicht gesagt, was ich unter einem „Familienbetrieb" überhaupt verstehe.

Immer dann, wenn mehrere Mitglieder einer Familie (Ehepartner, Geschwister, Schwager oder Schwägerinnen, Cousins und Cousinen) zur gleichen Zeit in einem Unternehmen tätig sind, können wir schon von einem Familienbetrieb sprechen. Wenn es sich dabei um eine Familie mit mehr als drei Generationen handelt, sprechen wir von einem „Mehrgenerationen-Familienbetrieb". Wichtig ist dabei auch noch, dass die im Betrieb tätigen Familienmitglieder das Geschäftsgeschehen maßgeblich beeinflussen. Ein Familienbetrieb liegt jedoch auch dann vor, wenn es z.B. einen operativen Geschäftsführer gibt und die Familienmitglieder nur Eigentümer sind. Auch dann beeinflussen sie das Geschehen entscheidend, was sich vor allem in Krisensituationen zeigt. Dann muss man folgende Frage stellen: „Welchen Stellenwert hat (wirtschaftlicher) Erfolg in Familienbetrieben bzw. welchen Stellenwert haben Familienstrukturen in einem Unternehmen?"

Damit sind wir schon mitten im Kernthema. Es geht um das Drama der Vermischung von Familie und Organisation.

Es mag wie eine Übertreibung klingen, doch sind es tatsächlich Dramen, die sich nur allzu oft in Familienbetrieben abspielen. Die Gründe sind vielfältig, liegen aber fast alle in der unterschiedlichen Struktur von Familie und Organisation, die Systeme widersprechen sich aufgrund der Anordnung ihrer Prinzipien. Nun, verehrte Enkelin, die Lösung sieht folgendermaßen aus:

- Bindung – Ordnung – Ausgleich im Unternehmen
- Ausgleich – Ordnung – Bindung in der Familie

Das muss ich näher erläutern: Die Organisation – als System betrachtet – operiert durch das Zusammenspiel all ihrer Teile, die mehr oder weniger miteinander in Verbindung stehen. Dieses Zusammenspiel unterliegt erfahrungsgemäß gewissen Ordnungsstrukturen (Prinzipien und Dynamiken), deren Einhaltung für das reibungslose Funktionieren, die Erfüllung der Aufgaben und damit für den Erfolg eines Systems notwendig ist. Drei zentrale Aspekte sind für die Wirkungsweise von besonderer Bedeutung:

Bindung – das Recht, dazuzugehören

Im Unterschied zu Familien, in denen man auf einer tieferen Ebene immer dazugehört, ist es in Organisationen Tatsache, dass die Mitgliedschaft und der Austritt sowohl vonseiten der Firma als auch vonseiten des Mitglieds einer freien Entscheidung unterliegen. Niemand muss in eine Organisation eintreten und niemand muss drinbleiben; keine Organisation muss jeden aufnehmen, der gern rein will und keine Organisation muss jemanden unter allen Umständen behalten. Insbesondere der Ausschluss von Mitgliedern soll gewisse Prinzipien (i.S.v. Gesetzmäßigkeiten) berücksichtigen, da sonst Nebenwirkungen entstehen. Ich habe die wichtigsten Prinzipien zusammengefasst:

- Bei Entlassungen: Der, der wichtiger ist, bleibt. Bei Gleichwertigkeit geht der, der am kürzesten da ist.
- Ein leichtfertiger Umgang mit Ausschluss von Mitarbeitern führt bei anderen Mitarbeitern zur Schwächung der Identifikation mit dem Unternehmen.
- Geht ein Zugehöriger, der übervorteilt wurde, wird er nochmals im System repräsentiert. Wird ein Mitarbeiter als Sündenbock entlassen, so stärkt dies temporär den Zusammenhalt, führt aber stets zu einer Wiederholung des eigentlichen Problems.
- Geht ein Zugehöriger, der aus dem System mehr genommen als gegeben hat, hat das keine negativen Auswirkungen auf das System.
- Ein Gründer wirkt stets ins System, insbesondere dann, wenn er noch aktiv involviert ist.
- Nichtwürdigung der Früheren wirkt wachstumshemmend auf das System.

TIPP 8: Wenn du dein Unternehmen analysierst, dann nimm obige Liste und schau genau, ob eines oder mehrere Prinzipien verletzt wurden. Es wird dann notwendig sein, hier eine Art „Reparatur" durchzuführen und über die Auswirkungen, die eine solche Verletzung hat, zu reden, um sie aufarbeiten zu können.

Die Bindung der Kinder an die Eltern (die haben wir in Familienunternehmen mit mehreren Generationen immer) bewirkt auch eine Vermischung im ökonomischen Sinn. Die Tochter eines Gastwirts beschreibt das Prinzip der Bindung folgendermaßen:

> *„Wir haben vor ein paar Jahren – das war so in der Zeit der Gründung meines eigenen Lokals – einen Familienrat einberufen unter dem Motto: Wie soll es weitergehen? Damals habe ich gesagt: Ich mache mein eigenes Lokal auf, aber der elterliche Betrieb wird für mich immer an erster Stelle stehen. Sollte es einmal kritisch werden, bin ich da – notfalls verkaufe ich dann mein Lokal. Seitdem wissen die Eltern, dass nichts passieren kann mit ihrem Lebenswerk."*

Die starke Bindung ist hier deutlich spürbar. Ich kenne die junge Gastwirtin als sehr lebendige, moderne Frau und doch sind die uralten Prinzipien ihr in Fleisch und Blut übergegangen. Sehr, sehr selten finden wir so starke emotionale Bindungen auch in Unternehmen ohne Familienanteil.

Ein oft sehr wichtiger Aspekt in der Erbfolge ist die Versorgung der Familie. Die Tochter eines anderen Gastronomiebetriebs erzählt über die Dynamik bei der Weitergabe:

> *„Erbfolge war bei uns immer ein ganz wichtiges Motiv für die Übergabe. Der Betrieb wurde seit sieben Generationen (so die Version meines Vaters) an den ältesten Sohn weitergegeben. Man versuchte zwar, es immer an zwei Söhne weiterzugeben, aber es hat sich dann immer einer durchgesetzt. Die Frauen (und Töchter) hatten immer Anteile am Unternehmen, waren aber nie operativ im Betrieb tätig. Ein wichtiger Aspekt in unserer Familie ist aber: Es wurden immer alle gut versorgt."*

Am folgenden Zitat dieser Unternehmerstochter wird deutlich, wie stark die Bindung durch Anteile am Unternehmen sein kann:

> *„Mein Vater musste steuerlich etwas machen und so kam ich mit Firmenanteilen bereits zur Welt. Seit ich arbeite, sehe ich auch Geld davon, vorher nie. Davor habe ich es aber auch vielleicht nicht angenommen. Ich habe das Geld meiner Familie immer als sehr belastend empfunden, weil ich mir ja meine Existenz selbst begründen wollte. Es gab sogar Zeiten, wo ich meine Anteile an meinen Vater zurückschenken wollte. Aber das wollte er nicht. Er tat so, als ob er mir dafür etwas geben müsste. Das hat mich damals sehr geärgert und so habe ich sie dann behalten."*

Die Kräfte, die hier wirken, sind sehr stark und dürfen nie unterschätzt werden! Wenn jemand entlassen wird, dann zuerst ein externer, nicht zur Familie gehörender Mitarbeiter – auch wenn es schmerzt, weil die Angestellten in einem Familienbetrieb oft auch ein wenig zur Familie gehören und man sie auch so behandeln will. Ein Unternehmerssohn berichtet über sein Loyalitätsproblem, das letztlich zugunsten der Familie entschieden wurde – wie übrigens meistens in solchen Fällen, sofern man nicht intern zerstritten ist:

> *„Wir haben fast nur Mitarbeiter, die alle bei uns gelernt haben. Die nur kurz da waren, gingen immer leichter weg. Ich habe nur einem gekündigt (aus wirtschaftlichen Gründen, weil wir nicht genügend Arbeit hatten), der bei uns gelernt hat. Der hat lange damit gehadert. Er kam vom Bundesheer zurück und gleichzeitig meine Schwester aus der Karenz. So musste ich mich entscheiden. Seither ist sie Teilzeitkraft mit 32 Stunden. Das passt gut für sie und wird auch so bleiben."*

Ordnung – in der Familie und innerhalb des Systems

In der Familie gibt es eine existenzielle Koinzidenz (ich weiß, du magst keine Fremdworte und ich versuche, darauf Rücksicht zu nehmen, „Koinzidenz" heißt so viel wie „gleichzeitiges Auftreten") zwischen Platz und Person. Den Platz meines Vaters kann nur die Person meines Vaters einnehmen, niemand sonst. Die Vaterfunktion hingegen kann auch eine andere Person übernehmen. In Organisationen ist dies genau umgekehrt. Organisationen leben davon, dass jeder Platz von unterschiedlichen Personen eingenommen werden kann und dass ein und dieselbe Person in einer Organisation im Laufe der Zeit unterschiedliche Positionen einnehmen kann. Bei der Beantwortung der Frage, wo ein „guter" Platz für eine bestimmte Person in einer hierarchischen Organisation ist, gilt es folgende Prinzipien zu berücksichtigen:

- Der Chef hat immer den ersten Platz; danach ist die Reihenfolge eine Kombination aus Dauer der Zugehörigkeit und Unersetzlichkeit.
- Wer führt, hat Macht und Verantwortung und daher eine Sonderstellung.
- Führung ist eine besondere Dienstleistung; das muss gewürdigt werden.
- Die Verwaltung hat durch ihre Funktion Vorrang vor anderen Funktionen. Wichtig sind auch die Finanzen im profitorientierten Bereich!
- Nur wer etwas gemeinsam beginnt oder später einen gleichwertigen Beitrag für das Ganze leistet, kann „Partner" werden.

- Gründer führen „von vorn“; später Kommende müssen vorerst „von hinten“ führen.
- Leistung hat Vorrang vor Fähigkeit, weil dadurch die Leistungsbereitschaft sichergestellt wird. Fähigkeiten stellen nur dann eine Ressource dar, wenn sie richtig eingesetzt werden.

TIPP 9: Auch hier sollte bei einer Analyse überprüft werden, ob die Liste der Ordnungsprinzipien eingehalten wird. Diese gänzlich abzuschaffen ist wenig sinnvoll, sie zum Thema zu machen jedoch sehr empfehlenswert.

Du wirst feststellen, dass auch in einer Zeit, in der man von Demokratisierung, moderner, partizipativer Führung etc. spricht, die Menschen in Unternehmen geführt werden wollen. Somit sind hierarchische Strukturen ergänzungsbedürftig, sie können und sollen aber nicht aufgelöst werden. Der Grund ist leicht erklärt: Wir kennen nichts Besseres! Daher gilt es die Ordnungsprinzipien aufrechtzuerhalten. Sie können in einer Diskussion erörtert werden, denn es macht für ein Unternehmen Sinn, sie zu kennen.

Ausgleich – die Balance von Geben und Nehmen

In der Familie ist in der Regel die Richtung von Geben und Nehmen vorbestimmt (Eltern schenken Leben, welches Kinder nur weiter-, aber nie zurückgeben können). In Firmen hängt dies im Unterschied dazu vom individuellen Beitrag ab, den der Einzelne für das System leistet. Aus dem Gleichgewicht gerät ein System in dem Moment, in dem jemand entscheidend mehr gibt als ein anderer, denn eine „innere Kontoführung“ registriert unbewusst Soll und Haben und verlangt nach Ausgleich. Folgende Prinzipien sind zu beachten:

- Mitarbeiterinnen und Mitarbeiter liefern Beiträge in Form von Arbeit und bekommen als Ausgleich Lohn.
- Jede zusätzliche Leistung muss ausgeglichen oder gewürdigt werden. Die „Währungen“ dafür können sehr unterschiedlich sein.
- Gegenseitige Wertschätzung ist Teil des Ausgleichs.
- Die Motivation für Gewinne hat Einfluss auf das Klima im Unternehmen, speziell im sozialen und gemeinnützigen Bereich.

TIPP 10: Auch die Prinzipien des Ausgleichs sollten in einem Unternehmen bekannt sein – und auch, ob und wie man sich in der Vergangenheit danach gerichtet hat. Ähnlich wie bei Bindung und Ordnung gibt es in jedem Unternehmen eine bestimmte Kultur, in der sich die Prinzipien widerspiegeln. Diese Kultur in ihren Facetten und Besonderheiten aufzuzeigen ist oft notwendig, um die Basis für eine Kurskorrektur (die immer auch einen Kulturwandel mit einschließt) zu schaffen.

Systemische Verstrickungen

Diese Grundprinzipien sind als allgemeine Richtlinien zu verstehen und den Systemmitgliedern in der Regel nicht bewusst. Wenn sie verletzt werden, kommt es zu sogenannten **systemischen Verstrickungen**, die oft einen negativen Einfluss auf die Organisation ausüben, weil jedes System in sich nach einem Gleichgewicht strebt. Verstrickungen stabilisieren das Ungleichgewicht durch Aufbau einer „Quasi-Ordnung“. Sie führen auf die Dauer aber tendenziell zum Scheitern, zu Schuld/en, Krankheit oder Konkurs. So gilt für Organisationen auch, dass Bindung vor Ordnung vor Ausgleich geht.

Ein weiterer Aspekt ist in diesem Zusammenhang zu berücksichtigen: Mitarbeiter stammen ihrerseits aus einem anderen System – ihrer Herkunftsfamilie. Dort gelten zwar die gleichen Ordnungsstrukturen, allerdings in umgekehrter Priorität: Ausgleich vor Ordnung vor Bindung. Dieser Unterschied ergibt sich aus der Funktion der Ordnungsprinzipien: In der Familie ist die grundlegende Komponente das „Erinnern“ dessen, was war (der Geschichte), damit die Familie eine Zukunft hat. In einer Organisation ist (am Anfang) das „Nach-vorne-Schauen“ wichtig, damit die „Firma“ eine gemeinsame Geschichte bekommt.

Häufig wird das Organisationssystem auch dadurch gestört, dass Mitglieder Dynamiken des eigenen Familiensystems unbewusst in der Arbeitswelt „re-inszenieren“. Beispielsweise maßt sich jemand, der schon sehr früh den verstorbenen Vater „ersetzen“ musste, unbewusst eine Rolle im Unternehmen an, die Merkmale dieser Ersatzvaterrolle aufweist. Dabei gerät er immer wieder in Konflikt mit seinem Vorgesetzten, der mit der angemaßten Rolle seines Untergebenen ein Problem hat.

Einen Sonderfall stellt der **Familienbetrieb** dar, da dort tendenziell die Dynamik des Familiensystems Vorrang vor der Dynamik der Organisation hat, was sich mitunter problematisch auf die Bewältigung der Organisationsaufgaben auswirken kann. Hier kommen besonders tief greifende Verstrickungen vor, die viel Energie für ihre Lösung und Entwicklung benötigen.

Die generelle Einstellung, wie eng man die Familie mit dem Unternehmen verknüpfen will, ist auf jeden Fall heikel und kann entscheidend für beide Teile sein. Ein älterer Mann mit einer Schlosserei hat es auf den Punkt gebracht:

> *„Ich habe mich ja immer dagegen gewehrt, dass meine Frau im Betrieb mitarbeitet. Ich glaube, wenn alle in einer Firma arbeiten, ist das ganz schlecht. Denn: Geht's der Firma schlecht, geht's allen schlecht; geht's der Firma gut, geht's allen gut."*

Die **Vermischung** bewirkt stets ein **Übergewicht der Familienstrukturen**, sie sind in uns sozusagen tiefer, weil älter verankert als die Organisation. So wird z.B. der ökonomische Faktor manchmal ausgeblendet und vom Familiären überlagert, erzählt oben genannter Unternehmer:

> *„Bei einer Gegengabe (Entrichtung eines Kaufpreises) wird die familiäre Harmonie gestört. So was gibt es bei einem Familienbetrieb nicht."*

Eine Trennung ist nicht leicht. Ich habe mit einer jungen Unternehmerin (Bekleidungshandel) gesprochen, die mir ihre Sicht der Dinge genau erklärt hat: Es geht letztlich um die Frage der Schuld sowie der eigenen Entscheidungen:

> *„Beide brauchen dasselbe: Respekt und Wertschätzung. Es ist ein Geben und Nehmen. Dankbarkeit ist hier wichtig. Ich möchte nicht mein Leben lang dankbar sein müssen und in der Schuld meiner Mutter stehen. Ich sehe, das ist ein Geschäft. Meine Mutter sieht es eher so: ‚Wir sind hier eine kleine Familie.' Da habe ich ihr gesagt ‚Hallo, ich bin deine Familie, nicht die Firma und deine Mitarbeiter.' Ich habe hier meine Familie und dort das Geschäft. Ich fühle mich auch nicht verpflichtet, das Unternehmen um jeden Preis weiterzuführen. Ich fühle mich schon mir selber und meinen Mitarbeitern verpflichtet, weil ich einfach davon gut leben möchte. Angenommen, ich bekomme das Fünffache von meinem Kaufpreis, dann sage ich sicher ‚Danke' und werde das Unternehmen verkaufen. Wenn ich mich zurückziehen und einen Geschäftsführer nehmen will, tue ich es auch. Das sind dann alles meine Entscheidungen und nicht mehr die meiner Mutter."*

Familienbetriebe sind nicht notwendigerweise profitorientiert – das klingt zwar auf den ersten Blick seltsam, ist in der Praxis aber immer wieder zu beobachten. Ich habe viele Betriebe kennengelernt, die man aus betriebswirtschaftlichen Gründen sofort zusperren hätte müssen. Sie wurden aber trotzdem weitergeführt, entweder ohne Gewinn oder sogar indem die Familienmitglieder aus ihrer Privatkasse etwas beisteuerten. Die hoch verschuldete Firma wird dann oft noch dem Sohn weitervererbt, der viele Jahre damit zubringen muss, erst die Schulden abzubauen. Hier werden Verstrickungen von Familie und Organisation besonders deutlich und haben große Auswirkungen auf den Lebensweg unzähliger junger Unternehmer: „Den Betrieb vom Papa kann ich doch nicht zusperren", heißt es dann.

Ich muss dir hier von einem Tischlereibetrieb in der dritten Generation erzählen, damit du die Dramatik erfassen kannst. Die Geschichte wurde mir von der Enkelin erzählt.

Die zweite Generation („der Vater") hat den Betrieb vergrößert, in den 1950er- und 60er-Jahren lief das Geschäft sehr gut, danach ging es aufgrund der Konkurrenz der großen Möbelhäuser bergab, der Lebensstil der Eltern war aufwendig, die Produktpalette unflexibel:

> *„1983 – nach der Lehre, ohne Meisterprüfung – hat mir mein Vater die Übernahme ausgeredet. 1983 wurde ich mit 21 Jahren dann schwanger, habe geheiratet und bekam in der Folge zwei Kinder. So bin ich dann plötzlich wieder weg vom Beruf gewesen. Ich habe mit meinem Mann ein eigenes Haus gebaut und dafür dann alles Mögliche gemacht, um Geld dazuzuverdienen (u.a. auch beim Vater mitgeholfen). Meine Eltern haben uns damals nicht in dem Sommerhaus wohnen lassen in der Übergangszeit, sondern es extern vermietet – aus Angst, sie würden uns nicht mehr rausbringen. Mein Mann war Krankenpfleger und hatte somit keinen Bezug zum väterlichen Betrieb. Ich hatte ja keine Meisterprüfung und nur wenig Praxis, also kam damals für mich eine Übernahme noch nicht infrage."*

Der Vater suchte sich einen Pächter, mit dem er sich dann jedoch nicht auf einen Verkauf einigen konnte – dem Pächter wurde gekündigt, etliche Mitarbeiter gingen mit ihm mit. Sie hat mir dann erzählt, wie sie die Firma übernommen hat und fast gescheitert wäre:

> *„Durch Zufall bin ich bei der Abschiedsfeier von einem Mitarbeiter gebeten worden, die Gewerbeberechtigung nicht abzumelden, weil hier sonst nie mehr ein Tischlereibetrieb geführt werden könne. Mein Vater war damals*

schon krank (Herz; depressiv; Freundin) und so sagte ich zu – völlig unwissend und ohne Kenntnis dessen, was auf mich zukommen würde. 1994 wurde der Betrieb also von mir und meinem Partner in Form einer OEG übernommen – mit nur mündlich vereinbarten Mietverhältnissen. Ich meldete das Gewerbe an und habe ohne Meisterprüfung das Gewerbe ausführen können (Dispens erhalten). Die behördlichen Auflagen, die mein Vater schon 1984 hätte erfüllen müssen, aber nicht erfüllt hat, hätten mir dann vor ein paar Jahren fast das Genick gebrochen. 1994 habe ich den Betrieb zunächst für ein Jahr gemietet, da mein Vater immer noch nicht verkaufen wollte. Meine Eltern waren damals hoch verschuldet und hatten außerdem eine unterschiedliche Vorstellung vom Wert des Unternehmens. Ihr Vorteil war, dass sie durch Verkauf der Grundstücke, die sie vom Großvater noch hatten, den Betrieb nicht verkaufen mussten und dann wieder lastenfrei waren. Aus meiner Sicht war der Betrieb am Ende. Sie sagen, sie hätten mir einen Paradebetrieb überlassen und ich müsse dankbar sein, weil ich ja alle Maschinen schon habe und somit nichts Neues kaufen müsse."

Die Verstrickungen im Familiensystem nahmen zu und – bildlich gesprochen – das Schicksal nahm seinen Lauf. Zu den wirtschaftlichen Schwierigkeiten kamen noch private dazu:

„Anfänglich hat mein Ehemann die Betriebsübernahme sehr wohl unterstützt. Dann hat er immer mehr getrunken, weil er gesehen hat, dass ich einfach immer stärker wurde. Er war schwächer als ich, aber ich wäre davor – mit dem Aufbau des Betriebs – einfach nicht bereit gewesen, mich scheiden zu lassen. Doch um 2000 ist es dann wieder einmal eskaliert und so bin ich seit sechs Jahren geschieden – die Scheidung wurde übrigens von mir eingereicht. Damit habe ich die Chance gehabt, entweder Haus und Kinder zu verlieren oder einen Kredit aufzunehmen, damit die Kinder bei mir bleiben, was sie wollten. Also habe ich meinen Mann ausbezahlt. Das aktuelle Problem: Es gehört mir nichts! Und jetzt, wo der Betrieb gut läuft, melden meine Eltern ihre Ansprüche an (mehr Miete u.Ä.)."

Familie und Organisation widersprechen einander mehr, steuerliche Probleme und jene mit der Bank ergänzen sich und schaukeln sich auf:

„Irgendwann hat meine Schwester gesagt, dass sie ja auch die Hälfte der Firma bekommt. Daraufhin habe ich zuerst mit den Eltern gesprochen. Sie

wollten aber immer noch nicht übergeben und so haben wir eine Schenkung auf den Todesfall vereinbart. Damit ist die Schwester auf den Pflichtanteil gerückt. Erst damals habe ich überhaupt einen Mietvertrag bekommen. Bis dahin hat mein Vater von mir jede Stunde seiner Arbeitszeit mit 200,– Schilling bezahlt bekommen. Das würde ich heute alles nicht mehr tun. Mein Steuerberater hat dann endlich festgehalten, dass alles, was von der Firma investiert wurde, unser Eigentum ist. Bis dahin haben wir sehr großzügig Geld von der Bank bekommen. Doch dann – für den Umbau der letzten Halle (Auflage der Betriebsprüfung) – wollte die Bank plötzlich Sicherheiten von uns und so bin ich wieder zu meinen Eltern gegangen und habe gefragt, ob sie mir den Betrieb überschreiben. Doch meine Eltern wollten den Betrieb nicht als Sicherheit geben. Ich habe dann mein privates Haus als Sicherung angegeben – eine dumme Entscheidung, wie ich heute weiß! 2004 kam dann alles raus: nämlich dass sie meinen Firmenpartner nicht mögen. Seither gibt es kaum mehr Kontakt zwischen uns (die letzten beiden Weihnachten war ich nicht mehr bei ihnen). Alle sind in den Familienkrieg einbezogen worden und werden es heute noch wegen banaler Kleinigkeiten: Türschild aufhängen/abhängen, Tor offen/geschlossen etc. Plötzlich wollten sie mehr Miete von mir und hatten auch noch andere Forderungen. Durch meine Anwältin habe ich dann meinen Eltern eine Einladung zu einer Mediation geschickt, der sie aber einfach nicht nachkommen wollten. Die Eskalation kam dann Ende 2005: Ich hatte einen Nervenzusammenbruch (Bank-Last, Eltern-Konflikt, Tochter für drei Monate allein in Indien). Ich drohte ihnen, von mir aus gerichtliche Schritte einzuleiten in Bezug auf ein Mediationsgespräch. Das war dann hier, dauerte vier Stunden, wovon mein Partner nur eine Stunde dabei war. Ergebnis: Das Schild bleibt, das Tor darf offen bleiben, die Miete ist nicht erhöht worden. Meine Mutter tut jetzt so, als wäre nichts gewesen, doch wir reden nur noch über sachliche Dinge. Ich habe seither auch keinen Schlüssel mehr zum Elternhaus. Sie sehen zwar, dass ich hart und viel arbeite, aber in ihnen herrscht der pure Neid. Vielleicht sehen sie jetzt zwar eigene Fehler, aber dreinreden tun sie immer noch, speziell die Mutter. Bei ihr ist es so, dass sie nur Macht ausüben will!“

Die ganze Dramatik der Vermischung wird hier sichtbar – persönliche Animositäten verhindern betriebswirtschaftlich notwendige Entscheidungen, Machtspiele, ausgelöst durch Generationskonflikte, bewirken unlogische Entscheidungen. Am Schluss bleiben der „Familienkrieg“ und eine Firma, die nur durch große persönliche Opfer (Burn-out) überhaupt gerettet werden kann.

Nun überlegt man, die Firma in ein paar Jahren an die nächste Generation weiterzugeben. Ob die Familie aus den Fehlern lernen wird? Das hängt wahrscheinlich davon ab, wie weit sie die Verstrickungsdynamik erkennen und ihr bewusst widerstehen wird.

Blut ist dicker als Wasser – in Familienbetrieben ist die Bindung tendenziell so stark (auch wenn es manchmal nach dem Gegenteil aussieht), dass Machtkämpfe einen klaren Ausgang haben. Die Tochter eines Beratungsunternehmens schilderte mir, wie sie einen Kampf gegen eine Konkurrentin gewinnen konnte, weil sie die Tochter des Unternehmers ist:

> *„Für mich war es insofern wichtig, weil ich dort gesagt habe, dass XY mir Anweisungen gibt und mir das nicht passt. Mein Vater war sehr erstaunt, dass das so ist. Er sagte, dass ich – als Leiterin PR & Marketing – nur ihm unterstellt bin. Und auch noch so was wie ‚Blut ist dicker als Wasser‘. Er hat zwar um sie gekämpft, aber es war klar, dass sie den Kürzeren ziehen wird gegen mich. So haben sich XX und ich gegen sie (die langjährige, enge Vertraute des Vaters) verbündet und sind zu meinem Vater gegangen und haben ihm gesagt: ‚Wir können so nicht agieren, wenn wir nicht mehr Macht bekommen.‘ Dann schrie mein Vater: ‚Wenn das so ist, dann geh ich halt auch – gemeinsam mit XY.‘ Ich habe dann nur gesagt: ‚Ich habe auch einen freien Willen. Es muss ja nicht sein, ich kann auch wieder aus dem Unternehmen rausgehen.‘ Da fiel ihm alles runter und es war Schweigen. Dann hat er der XY gesagt, dass sie nicht mehr in der Geschäftsführung sein wird. Nach ihrem Urlaub kam sie und hat gesagt, dass sie gehen wird. Nachdem sie weg war, war plötzlich wieder Frieden im Unternehmen.“*

Auch in anderen Unternehmen, die keinerlei Familienstrukturen haben, gibt es Bindungen und die daraus entstehenden Intrigen etc. Die Rangordnung der Prinzipien ist jedoch eine andere. Für die Familienmitglieder handelt man anders. Ein Unternehmer schilderte mir, wie seine Kinder in die Firma eingetreten sind:

> *„Wer zu mir kommt, muss sich zuerst woanders bewährt oder woanders gearbeitet haben. Meine Tochter hat hier wie ein Trainee begonnen. Wenn mein Sohn kommt, wäre er vom ersten Tag an Chef. Das wäre problematisch. Dann kommt zu einem Chef (meiner Tochter) noch ein zweiter Chef (mein Sohn). Und das sind Bruder und Schwester. Ich merke den Konflikt ja auch selber. Kinder und Eltern im Betrieb, das ist schwierig. Bei*

einem Mitarbeiter hätte ich manches niemals zugelassen, was mir bei der Tochter schon schwerfällt."

(Unbewusste) Überschneidungen zwischen Familie und Betrieb führen häufig zu heftigen und sehr emotionalen Konflikten. So erzählt die Tochter über die Schwierigkeiten, die sie mit ihrer Mutter (Besitzerin eines Gastronomiebetriebs) hat:

„Das Problem: Meine Mutter würde den Betrieb nie zusperren und darunter haben wir in der Jugend sehr gelitten, denn wir mussten oft in der Freizeit aushelfen! Sie will die Dankbarkeit von den falschen Menschen, sie sollte sie von meinem Vater einfordern! Immer wenn ich sie anrufe, weint meine Mutter. Das ist schrecklich und ich bin im Zwiespalt, weil ich natürlich nicht will, dass sie traurig ist. Ich muss und will aber mein eigenes Leben haben. Sie will immer ‚mein Bestes' … das ist zugleich schön und auch nicht!"

Die Heftigkeit der Emotionen in Familienunternehmen wirkt sich auch auf die Firmenagenden aus und erschwert „sachlich nüchterne" Entscheidungen. Noch einmal kommt die Junior-Chefin eines Beratungsunternehmens zu Wort. Sie hat mir berichtet, welche Schwierigkeiten es seit früher Jugend schon gab und wie sich diese auf das Unternehmen übertragen haben:

„Mein Vater hat an meinen Bruder Anforderungen gestellt, die er einfach nicht akzeptieren konnte. Er sagte z.B. zu ihm: ‚Du dienst dich hoch und gehst ins Ausland und lernst den Job bei unserem Partner.' Mein Bruder ist aber sein eigener Chef! Bei einem Workshop hat es dann geknallt zwischen mir und meinem Bruder, sodass alle außer mir geweint haben. Ich war wirklich bös zu ihm und habe u.a. gesagt: ‚Ich finde dich einfach letztklassig!' Mein Bruder wiederum hat gesagt: ‚In unserer Familie fehlt es an Herzlichkeit', was meinen Vater sehr getroffen hat. Das zerstörte sein Bild, denn er glaubte an die ‚heile Familie'. Die Mutter hat immer ihr Bestes gegeben, aber mehr war nicht drin. Mein Vater hat uns dann unter Druck gesetzt und gesagt: ‚Ihr kriegt die Firma nicht, wenn ihr euch nicht wieder versöhnt.'"

Diese Szenen sind in ihrer Heftigkeit in Organisationen ohne Familienstrukturen selten, aber eben diese Familienstrukturen spielen oft direkt in die wirtschaftlichen Entscheidungen hinein, etwa in Bezug auf Gehälter, Prämien etc.:

„Vom Gewinn bekomme ich nichts. Doch ich kriege sonst alles, was ich brauche, Wohnung, Auto etc. Mein Vater möchte gebeten werden und dann ein Danke hören."

Das sind Muster, wie sie zwischen Vater und Sohn/Tochter existieren, aber nicht Muster einer Entlohnung für Arbeit! Die üblichen, meist recht genau definierbaren Rollen verschwimmen. Ein junger Übernehmer, der seit Kurzem die Geschäftsführung eines Handelsunternehmens innehat, ringt noch um eine gute Lösung mit seinem Vater:

„Aktuell ist mir die Geschäftsführung übergeben worden. Das Schwierige dabei ist die Frage der Entlohnung – werde ich als Mitarbeiter oder als Sohn bezahlt? Mit meinem Vater gibt es eine klare Regelung: Ich werde als Geschäftsführer bezahlt. Er kam zu mir und sagte: ‚Das ist die Aufgabe wert und das zahle ich dir.' Insofern bin ich ein Mitarbeiter mit einem gewissen Fixanteil und einem hohen variablen Anteil."

Vater und Sohn, Ehemann und Ehefrau – wir haben hier Strukturen, die sich für die Führung eines Unternehmens nicht eignen und oft mehr Probleme verursachen, als sie lösen. Eine junge Unternehmerstochter (Industrie) erzählt von ihren kaputten Familienverhältnissen:

„Wenn mein Vater mich nun wirklich einbinden möchte, dann darf der Prozess nicht über meinen Bruder gehen. Denn von so einem Trottel lass ich mir nix sagen, weil er mir zu borniert und spießig ist. Bei uns herrschen ganz kaputte Familienverhältnisse. Mein Vater und meine Tante reden auch nicht mehr miteinander. Ich bin jetzt draufgekommen, dass mein Vater den Betrieb sehr familienorientiert geführt hat. Er hat viele Miteigentümer ausbezahlt. Aber alle schimpfen über ihn. Innerhalb der Familie ist es genau das Gleiche. Meine Mutter hat das immer super ausgenutzt. Ähnlich wie mein Bruder auch. Meine Mutter hat immer die Kinder erzogen. Dann hat sie sich einige Ausrutscher geleistet. Aber mein Vater hat immer an der Institution Ehe festgehalten. Ich habe mich immer gewundert, warum er sich so ausnützen lässt – als ob er blind und taub wäre."

Die Familie wirkt sich auf das Unternehmen aus und umgekehrt, die Bande sind extrem verstrickt, wie die junge Unternehmerin beschreibt:

„Das Problem bei uns ist: Wir sind ein Familienbetrieb, wo rein gar nichts funktioniert. Das ist der springende Punkt: Niemand tut im Betrieb etwas, auch meine Familie nicht. Aber man kann eine Firma auch ohne Neid und Streitigkeiten führen. Die Stimmung innerhalb der Familie ist beschissen. Insofern ist das Unternehmen führerlos und alle tun, was sie wollen. Mir

kommt vor, die Mitarbeiter machen die Firmenpolitik. Weil es nur Ja-Sager in unserer Familie gibt und weil die viel toller sind. Mein Bruder wird in der Firma als ‚Kronprinz' gesehen. Das finde ich total schlecht. Er hat mich bei der Geburt meiner Tochter im Stich gelassen! Er hat mich (damals haben wir alle gemeinsam im Haus der Eltern gewohnt) von einem Tag auf den anderen rausgeworfen. Diese extreme Situation hat natürlich meine Tochter abgekommen, ich hatte kein Geld, keine Wohnung, keine Arbeit. Das habe ich lange nicht verkraftet. So hat mein Kind meinen Groll und meinen Frust abgekriegt."

Hier ist eine Lösungsidee entstanden, die von ihr so beschrieben wird:

> *„Ein Übernehmer muss zeigen, dass er es selber kann – durch externes Lernen oder durch internes Hochkommen. Ein Übernehmer muss so tun können, als ob er mit allen kann. Vor allem in Familienbetrieben ist es wichtig, sich mit allen Familienmitgliedern gut zu verstehen. Das hat mein Großvater väterlicherseits auch gekonnt. In einem Familienbetrieb ist es besonders wichtig, dass man niemandem das Gefühl gibt, dass man alles besser kann. Diesen Fehler macht mein älterer Bruder!"*

TIPP 11: Versuche die Verstrickungen von Familie und Organisation aufzudecken. Das ist für dich und alle anderen Betroffenen nicht angenehm und du wirst eventuell auch Widerstand von der Übergeberseite spüren. Du solltest aber auf keinen Fall darauf verzichten! Du kannst folgende Fragen stellen, welche dir die Arbeit erleichtern werden:

- Welche Vergünstigungen haben Familienmitglieder im Gegensatz zu anderen Mitarbeitern?
- Wie sieht die Entlohnung aus?
- Welche Umstrukturierungsabsichten gab es in der Vergangenheit, die aber wegen der Familienbindungen nicht durchgeführt wurden?
- Welche Hindernisse werden Familienmitgliedern in den Weg gelegt, wenn sie in das Unternehmen eintreten wollen? Welche Schleifen müssen sie durchlaufen?
- Welche Familienstreitereien werden in der Firma ausgetragen und wer wird dort hineingezogen?

Erbe, Gabe und Gegengabe

Bei einem Verkauf der Firma ist die Frage nach Gabe und Gegengabe (Preis und Gegenpreis) noch relativ einfach zu lösen. Der Wert der Firma wird bestimmt – meist von Externen, da Übergeber dazu tendieren, ihrem Unternehmen einen höheren Wert zuzuschreiben, als es ökonomisch tatsächlich darstellt – und dann wird mit dem Käufer ein Preis verhandelt. Der erzielte Erlös kann anschließend – sofern sich die Frage nach dem Erbe schon stellt – auf die Erben aufgeteilt werden.

Wenn der Wert nur schwer feststellbar ist, sind unterschiedliche Lösungen möglich. Hier ein Beispiel:

> *„Ich würde nur einen Teil des Kaufpreises zahlen und den Rest abhängig vom Erfolg, weil hier bisher nur ein Mann im Auftragsbindungsprozess tätig ist. Mir ist der verbindliche schriftliche Charakter wichtig."*

Die Frage nach Gabe und Gegengabe stellt sich in jedem Übergabeprozess – nicht nur im Familienbereich. Im nächsten Zitat berichtet ein Übernehmer (extern, kein Familienmitglied), welche Varianten es bei seiner Übernahme gab:

> *„Gabe: Kundenstock zu Firmenwert (via Bilanz), Beziehungen zu Kunden, Netzwerk an Kontakten, Mietrecht, Mitarbeiter/innen, Lieferanten und Hersteller, die GmbH selbst (30 Prozent ich, Rest in Form von Beteiligungen mit anderen Herstellern – für Entwicklung); andere Variante: 50 Prozent bleiben thesauriert, also im Unternehmen; der Rest wird ausgeschüttet an Mitarbeiter/innen und andere beteiligte Partner."*

Wie ich schon erwähnt habe, dienen die Unternehmen manchmal noch als Lebensgrundlage für die Eigentümer, die meist auch selbst im Betrieb arbeiten. Sie werfen keine oder keine nennenswerten Gewinne mehr ab. Sie stellen – objektiv beurteilt – keinen verkaufbaren Wert dar. Hier kann oft nur innerhalb der Familie übergeben werden, wie eine Übernehmerin (Tochter) erzählt:

> *„Finanziell haben wir keine Lösung gefunden. Ich hätte mir eine Ablöse nicht leisten können. Vermutlich hätten wir uns auf eine Leibrente geeinigt. Der Steuerberater hat damals gewarnt: ‚Wenn ihr niemanden habt, der die Firma übernimmt, dann ist sie nichts wert!' Also wäre ein externer Verkauf gar nicht infrage gekommen."*

Als Wert werden oft Dinge angegeben, die für einen Verkauf nur zum Teil relevant wären:

„Die Gabe ist der Betriebsstandort als solcher: Mietrecht, Kunden, Image, Lieferanten, Mitarbeiter, Lager. Was die Gegengabe betrifft: Der Betrag wurde nie zu Ende diskutiert. Ich weiß den Preis nicht einmal. Wir hätten den Wert einfach von einem Steuerberater schätzen lassen. Mit der Bank habe ich dann über mein eigenes Lokal gesprochen."

Die Frage lässt sich auch anders formulieren: Welchen Wert hat eine Firma, wenn man sie an sich selbst (in Form einer jüngeren Ausgabe) übergibt? Hier die Antwort eines Übergebers:

„Ich habe im ersten Jahr mit 5 Millionen Schilling begonnen, jetzt übergebe ich das Unternehmen mit umgerechnet 50 Millionen. Für meine Kinder stellt sich also die Frage: Wie kann ich das noch steigern, wenn das Materielle so bedeutend ist? Eine ‚Gegengabe' ist nicht meine Denke. Mein Unternehmen hat für mich denselben Wert wie meine Ferienwohnung in Kitzbühel. Ich habe mir beides hart erarbeitet. Und irgendwann werden es meine Kinder erben. So geht es weiter, wie ich was von meinen Eltern bekommen habe."

Sein Sohn meint lakonisch auf die Frage, was ihn das Unternehmen kosten wird – also welchen Preis es hat:

„Keinen, weil ich meinem Vater ja nichts abkaufen muss, sondern das Unternehmen mein Erbe darstellt."

Erbe vs. Verkauf

In Familienunternehmen taucht das Problem spätestens am Tag der Abrechnung auf. Ein Unternehmen ohne Familienbeteiligung hat einen Wert, der geschätzt werden kann und den man bezahlt. In einem Familienunternehmen spielen die Familienbande die größere Rolle – das folgende Zitat zeigt das Dilemma. Die Tochter der gerade erwähnten Familie hat ihren eigenen Standpunkt:

„Ich will die Firma gar nicht frühzeitig erben. Es ist nicht mein Recht, mein Erbe vorzeitig von meinen Eltern zu verlangen. Ich sehe mich also aktuell eher wie ein externer Manager im eigenen Unternehmen. Auch möchte ich keine Schenkungs- noch Erbschaftssteuer für das Unternehmen zahlen. Aber wie wir das dann lösen werden, ist alles noch ungeklärt."

Beim Thema Erbe finden wir einen eklatanten Widerspruch: Erben kann man etwas eigentlich erst nach dem Tod, der bei genauerer Betrachtung jedoch nicht das physische Ableben sein muss. In archaischen Gesellschaften waren die Ressourcen sehr knapp, d.h. jeder musste schauen, wie er die notwendige Nahrung, Kleidung, Behausung etc. erhalten bzw. absichern konnte. Das Erbe bestand manchmal aus einem Bärenfell und einer Keule – sozusagen. Die notwendigen Dinge brauchte der „Alte" stets bis zu seinem physischen Tod, daher konnte man die Leiche erst fleddern, wenn sie richtig tot war.

In moderner Zeit kann man (nicht immer) aus dem Überfluss schöpfen. Es gibt ein Leben nach dem Berufsleben, das durch Geld oder andere materielle Mittel abgesichert werden muss. Theoretisch müsste man eine Firma nur so lange führen, bis sie genügend abgeworfen hat, um den Rest des Lebens sorgenfrei zu überleben. Das Erbe wäre dann der erwirtschaftete Überschuss (in Form eines Unternehmens etwa oder auch von Immobilien) minus dem, was man selbst noch zum Leben braucht.

Als „Alter" kann man verschiedene Strategien haben, mit dem Erbe umzugehen:

- Alles selbst verprassen, die Jungen sollen sich ihr eigenes Geld verdienen (George-Best-Strategie)! Abgemilderte Form: ein schönes Startgeld im Sinne von Wohnung, Ausbildung, Auto, Auslandsaufenthalt.
- Genügend anhäufen, um alle Kinder bis auf den Übernehmer auszahlen zu können – mit Geld, Grundstücken oder anderen Werten (Dagobert-Duck-Strategie). Dann muss die Firma nicht zerstückelt werden.
- De facto gibt es aber noch andere Überlegungen, die berücksichtigt werden wollen: Die Firma ist das Lebenswerk, auf das man stolz ist und das man nicht so einfach aus der Hand gibt. Die Firma läuft möglicherweise nicht gut und man wird samt seiner Arbeitskraft noch gebraucht. Jedenfalls ist das archaische Bild des Erbes verzerrt und es ist möglich und manchmal auch sinnvoll, das Unternehmen als Ganzes zu übergeben. Ein Übergeber zeigt diesen Fall auf, er hat sicherheitshalber ein kleines neues Unternehmen gegründet, das ihm in der Pension einen Lebensinhalt bietet:

„Ich glaube, ich kann das Alte ganz gut loslassen, weil ich ja ein eigenes anderes Thema habe. Ich habe mit dem Unternehmen hier nichts mehr zu tun. Und selbst mein Büro werde ich von hier zu mir abziehen. Meine Frau und ich möchten nochmals bauen, größer, weil wir Platz für mehr Gäste haben wollen und auch für mein Unternehmen Platz sein soll – denn wer

weiß, vielleicht kommen ja dann neue Partner hinzu. Ich habe für mich und meine Frau ausgesorgt und bin nicht abhängig vom Erfolg meiner Kinder. Und irgendwann hätten sie das alles sowieso bekommen. Also habe ich gesagt, dass sie es gleich bekommen. Alles. Das Ganze. So fand ich es am besten. Ich habe zwar viel Erfahrung, doch ob ich Recht habe oder nicht, weiß ich nicht. Aber ich habe das vollste Vertrauen, dass sie es gut machen werden. Und wenn nicht, dann haben sie halt ihr Erbe ‚verspielt'. Das soll mir auch recht sein. Nur glaube ich das nicht."

Die Aufteilung des Erbes

Diese Frage stellt sich immer dann, wenn **mehrere Nachkommen** da sind. Eine Aufteilung des Unternehmens ist oft nicht sinnvoll oder gar nicht möglich. Und es stellt sich auch die Frage, wie weit die Kinder am Unternehmen selbst oder nur am Wert interessiert sind. Dies führt oft zu großen Problemen und heftigen Erbstreitereien, wie der Sohn und Übernehmer einer Beratungsfirma erzählt:

„Das Erbe ist noch kein Thema für meine Mutter, meine zwei Brüder und mich. Überlegt werden aktuell Stiftung und Schenkung. In einem Jahr steht das schon an. Mein Bruder ist vom Fach, der wird das Thema bearbeiten. Die Frage des Neids kommt wohl erst dann. Der Vorteil ist, dass beide Brüder gut verdienen. Aber der eine Bruder ist in seiner Unselbstständigkeit nicht ganz glücklich. Wie das dann sein wird, wenn wir nun auch noch die Firma der Mutter in die große Firma integrieren, ist völlig offen. Schließlich habe ich dann beide Unternehmen meiner beiden Eltern. Somit stellt sich die Frage der Unternehmensbewertung für das Erbe."

Häufig ist nicht genug Kapital vorhanden, um die anderen Kinder auszahlen zu können. Eine gerechte Regelung ist schwierig, wie folgender Fall zeigt, in dem der Unternehmerssohn die Problematik der Gerechtigkeit aufzeigt:

„Unsere ganze Familie legt Wert darauf, Gerechtigkeit walten zu lassen. Beide Eltern sind in dieser Hinsicht gebrannte Kinder. Sie haben viele Erbschaftsstreitigkeiten in ihrer eigenen Verwandtschaft erlebt. Für mich ist Ungerechtigkeit auch was Schlimmes. Aber mein Vater versucht hier etwas auszugleichen, auf das er keinen Einfluss hat. Alles, was ich mir erarbeite,

stellt er meiner Schwester von sich aus als Ausgleich zur Verfügung. Ich erwirtschafte mir meines und sie bekommt alles bezahlt (Auto, Wohnung, Gehalt, Rechtsanwälte etc.). Für mich ist Geld nicht wichtig. Aber ich könnte auch sagen, mein Vater ist ungerecht. Er bewertet unsere beiden Ergebnisse, aber nicht den Weg dorthin. Wenn er also irgendwann z.B. meinen Firmenverkauf auszugleichen versucht, indem er seine Firma allein meiner Schwester gibt, wäre ich damit nicht einverstanden. Ich sehe das Aufgebaute nämlich ganz als meines!"

Wer übernimmt, ist nicht immer leicht zu entscheiden. Da die Menschen älter werden, übernimmt oft nicht mehr der älteste Sohn, sondern der jüngste.

> **TIPP 12**: Es ist wichtig, welche Rolle in der Tradition der Familie der Erstgeborene, der Mittlere oder der Jüngste spielt. Oft findet sich hier ein Muster, das auch der Familie nicht bewusst ist, sich aber auf die Entscheidungen entsprechend auswirkt. Hier kann durch Aufdecken des Musters ein wertvoller Beitrag geleistet werden.

In der Tradition übernimmt jedoch nicht die fähigste Person, sondern die, die an erster Stelle steht, wie etwa eine Gastwirtin berichtet:

„Der Bruder hat dann den Betrieb übernommen, er war eineinhalb Jahre älter und eben der Sohn. Meine Schwester und ich haben auf alles verzichtet, damit der Betrieb erhalten bleibt."

Nicht immer ist genug da, um allen ein entsprechendes Erbe zu geben, erzählte sie mir wenig später:

„Ich habe drei Kinder, aber es ist nicht so wie früher, dass einer den Hof bekommt und die anderen eine Ausbildung gezahlt bekommen. Das geht heute nicht mehr!"

Das Erbe in Form der Betriebsübernahme selbst ist meist mit viel Arbeit verbunden – dies muss allen Beteiligten klar sein, wenn es darum geht, das Erbe aufzuteilen. Ein Gastwirt, der kurz vor der Pension steht und an seinen Sohn übergeben wird – übrigens mit großer Wahrscheinlichkeit sehr erfolgreich –, sieht im Rückblick seine eigene Übernahme folgendermaßen:

„Meine Schwester hat in ihrer Jugend auch fleißig mitgearbeitet und ist dann ausgezahlt worden. Da ich nur ein Geschwister hatte, ging das. Sie ist inzwi-

schen verheiratet und hat auch eine Gastwirtschaft. Das mit der Schwester war nie ein Problem. Und es ist ja auch so: Einer muss den Betrieb übernehmen und bekommt dadurch den größeren Teil, hat aber auch die schwierigere Aufgabe. Wenn meine Schwester Einwände gegen die Aufteilung gehabt hätte, dann hätte sie halt den Betrieb übernehmen müssen. Der, der im Betrieb bleibt, muss sich durchsetzen!"

Oftmals werden Familienbetriebe auch nicht weitergeführt, weil sie nicht aufteilbar sind, jedes Kind aber ein Erbe bekommen soll. Somit bleibt nur die Möglichkeit, den Betrieb ganz zu verkaufen und das Geld aufzuteilen.

Eine andere Variante, erzählt von einem Weinbauern, der seinen Hof bereits fast ganz an seinen Sohn übergeben hat:

„Mein Bruder ist Lehrer. Mein Vater hat immer gesagt, dass ich einmal die Wirtschaft bekomme und mein Bruder ausbezahlt wird, und zwar den Einheitswert der Grundstücke in Geld. Das ist ein Prozentsatz vom Betriebswert. Dann gab es Differenzen, mein Bruder wollte Teile in Form von Grundstücken ausbezahlt und hat das zum Verkaufswert auch bekommen. Das war für die Wirtschaft aber verkraftbar, und da die Grundstücke heute weniger wert sind, war das nicht so ein gutes Geschäft."

Das Erbe bis zum Tod nicht verteilen zu wollen ist nicht sinnvoll. Diese Erkenntnis ist jedoch bei Übergebern nicht zwangsläufig vorhanden. Die archaische Angst ist die vor der Leichenfledderei vor dem eigenen Tod. Man fühlt sich nackt und ausgesetzt und diesem Gefühl gilt es entgegenzuwirken, idealerweise durch rechtzeitige Gegenmaßnahmen. In einem Übergabeprozess innerhalb der Familie ist die Frage nach dem Erbe nicht so einfach zu klären und man drückt sich gern um sie herum. Die folgende Aussage tätigte übrigens der junge Übernehmer:

„Dies ist noch kein Thema, wir werden das Geld schon irgendwie aufteilen, denke ich."

Die Erbfrage führt bei mehreren Nachkommen oft zum **Streit**, wie mir eine Jungunternehmerin erzählte, die damit leidvolle Erfahrungen gemacht hat:

„Ich wollte einfach kein Gespräch mit meinen Brüdern über den Kaufpreis und über ihre Wünsche. Die waren dann sauer. Meine Mutter hat ihnen immer gesagt ‚Ich will nicht', anstatt zu sagen, dass sie noch nicht so weit ist. Der Coach hat den Entwicklungsprozess unterstützt. Meine Brüder sind immer noch der Meinung, dass sie informiert werden müssen, weil das

gerechter sei, und dass es meinen Eltern gut geht. „Wenn es für uns [Eltern] passt, dann ist es so", unabhängig davon, ob es den Brüdern passt oder nicht. Die drohen immer mit ‚Familienzusammenbruch'."

Dies wollen viele vermeiden und sprechen daher intern die Frage nach dem Erbe nicht an. Hier kommt es zu massiven Verzögerungen, die schon manchen Betrieb in den Untergang getrieben haben.

> **TIPP 13:** Sprecht unbedingt miteinander über das Geld und speziell über die Aufteilung, auch wenn das ein heißes Thema ist, das man nicht gern anfasst. Ich kenne unzählige Betriebe, wo gerade darüber nicht oder viel zu spät geredet wird. Leiste Überzeugungsarbeit, dass diese Diskussion wichtige Weichen stellt und es daher umso besser ist, je früher sie geführt wird.

Lösungsmodelle

Wenn du, liebe Lisa, in Zukunft ein Familienunternehmen übernehmen willst, dann muss dir klar sein, dass du die Lösungen gemeinsam mit dem Übergeber erarbeiten musst. Ein Berater kann euch dabei nur unterstützen, denn nicht er, sondern ihr müsst mit den Folgen gut leben können.

Die Übernehmerinnen und Übernehmer und natürlich auch die Übergeberinnen und Übergeber müssen sich auf einen Entwicklungsprozess einlassen, dessen Ende nie genau vorherbestimmt werden kann. Lösungen sind somit mindestens interaktiv (zwischen Berater und Kunden), meist aber auch iterativ (in einem ständigen Hin und Her, das eine baut auf dem Fortschritt des anderen auf) zu entwickeln. Sie sind leider sehr oft nicht absolut, es gibt Entwicklungen, die eine Neuorientierung verlangen, auch wenn die bevorzugte Lösung ideal aussieht.

In den Tipps, die ich dir bisher gegeben habe, waren auch schon da und dort Lösungen oder zumindest Ansätze dazu enthalten. Ich habe dir zusätzlich noch eine **Palette an Lösungsideen** zusammengestellt und hoffe, dass keine wichtige fehlt. Diese Ideensammlung ist so zu lesen, dass nicht jede Idee für jedes Problem geeignet ist. Es ist vielmehr eine Aufzählung von Möglichkeiten, von denen manche auf deinen Fall, andere wiederum auf ganz andere Fälle passen. Es gilt die verschiedenen Ideen durchzudenken und sich dann für die richtige zu entscheiden. Viele werden das allein gut hinbekommen, andere brauchen Beratung – die Menschen sind halt nun mal verschieden.

Wichtig ist **erstens** die **Rückkoppelung der Vergangenheit an das aktuelle System**. Damit meine ich: Die Geschichte des Aufbaus muss transparent gemacht (d.h. im Vorfeld mit den entsprechenden Methoden erforscht werden – in schwierigen Fällen braucht man dazu die Methoden der qualitativen Motivforschung und somit einen externen Berater, der dieses Geschäft beherrscht) und in der Folge fokussiert werden: In gemeinsamer Arbeit gilt es das Erreichte zu würdigen, um es dann beiseite lassen zu können.

Das System muss seine **Wurzeln** erkennen, um sich von ihnen zu lösen, oder besser: um darauf etwas Neues aufbauen zu können. Rückspiegelungen in Form von Analogien und Geschichten sind hilfreich, um die **Identität** der **Beteiligten** und des **Unternehmens** an sich zu **erfassen** und **bearbeitbar** zu **machen**. Hier gilt die Analogie: Wurzeln geben Kraft.

Sowohl die **Gemeinsamkeiten** als auch die **Unterschiede** zwischen **Alt** und **Jung** müssen erfasst und ebenfalls in entsprechender Form einer Bearbeitung zugänglich gemacht werden – und zwar für beide Seiten!

TIPP 14: Bring die Familie dazu, sich zusammenzusetzen. Der Älteste in der Runde soll über die Geschichte des Unternehmens erzählen – wie ist es ihm gegangen bei der Gründung oder als er selbst übernommen hat? Welche Schwierigkeiten waren damals zu bewältigen und was hat das für die spätere Arbeit bedeutet? Mit diesen und ähnlichen Fragen klären sich Verhaltensweisen und Muster auf, die für die Jungen oft (noch) nicht verständlich sind. Dieser Schritt ist aber notwendig, um das Alte würdigen zu können.

Neben der gemeinsamen Aufarbeitung von Vor- und Nachteilen möglicher Veränderungen sollten **zweitens** auch die **Perspektiven für den „Alten“ ausgelotet** werden. Es ist utopisch zu glauben, dass sich ein Gründervater von einem Moment auf den anderen von seinem Lebenswerk trennen kann. Es gilt den Trennungsschmerz zu würdigen (vom System), aber es sollte für den Alten auch eine Beschäftigung gesucht werden (bzw. er muss sie sich selbst suchen), die nicht auf den ersten Blick als Altenteil (Zeitvertreib) erkennbar ist. Die Erfahrung und das Know-how, die der Alte mitbringt, können der Firma oft gute

Dienste leisten. Viele meiner Bekannten sind der Ansicht, dass ein einziger – sozusagen blutiger – Schnitt die einzig praktikable Lösung ist. Andere wiederum meinen, eine langsame, schrittweise Trennung hilft, auf beiden Seiten einen gewissen Schock zu vermeiden. Hier kann ich dir nicht sagen, was richtig oder falsch ist, denn das kommt sehr auf die Situation an. Diese Situation genau zu bestimmen ist ja die eigentlich wertvolle Arbeit. Die Lösung ist hinterher recht schnell zu erarbeiten, wenn die Hoffnungen, Wünsche und Ängste einmal auf dem Tisch liegen.

Über dieses Thema werde ich dir noch einiges erzählen müssen, es ist vielleicht das Wichtigste überhaupt, denn es enthält einen zentralen Widerspruch: Das Neue kann sich nur als Neues definieren, wenn es sich vom Alten distanziert, etwa indem es das Alte schlecht macht oder komplett ablehnt.

Es gilt aber auch das Gegenteil: Das Neue ist nie aus dem Nichts entstanden, es baut auf etwas auf, das es als wichtigen Teil seiner eigenen Geschichte akzeptieren muss. Sich davon zu trennen führt zur Orientierungslosigkeit. Eine Entwurzelung kann die Folge sein und im heutigen scharfen Wind der Konkurrenz ist es für einen jungen Baum gut, wenn er kräftige, tief hinunterreichende Wurzeln hat – wenn du mir diese Analogie erlaubst.

In der Praxis führt die Entwurzelung dazu, dass Entscheidungen nicht auf sauberen Grundlagen getroffen werden. Aktionismus, Unbedachtheit, Ziellosigkeit etc. können die Folgen sein und sich verheerend auswirken.

Ich konnte einen interessanten Nebeneffekt beobachten: Wenn so eine Übergabe gut funktioniert, lernt nicht nur das System, sondern auch der Junge, und zwar derart, dass diese Form der Ablöseproblematik später bei ihm einmal nicht so brutal auftritt.

Wie sehen nun konkrete Varianten aus? Ein paar habe ich gesammelt:

1. Die Trennung von Geschäftsführung und Eigentum. So kann jemand aus der Familie nachrücken, wenn er die fachlichen Qualitäten besitzt, wie ein Senior erzählt:

   „Eine Übergabe im eigentlichen Sinne hat nie statt gefunden, vor allem weil ich der Meinung bin, dass man ab einer gewissen Größe Geschäftsführung und Eigentum strikt auseinanderhalten muss. Als Übergeber muss ich Strukturen schaffen, die ein vom Eigentümer unabhängiges Management möglich machen. Wenn für die Übernahme jemand aus der Familie passt, kann er in die Firma kommen, wenn nicht, dann eben nicht.“

Ab dem Tag der Übergabe muss eine Lösung gefunden werden. Hierbei gibt es verschiedene Modelle, hat mir eine junge Unternehmerstochter erzählt:

„Bei uns geht es ja nur um die Geschäftsführung. Wir haben als Kinder zwar offiziell Gesellschafteranteile, aber eine Gewinnausschüttung haben wir nie gesehen. Die geht immer direkt auf das Konto vom Vater. Ich sehe für nach 2010 zwei Varianten. Erste Variante: Die Gewinnausschüttung bleibt, wobei definiert werden muss, wie hoch die zu sein hat, weil ich als Geschäftsführer ja sonst nicht agieren kann. Zweite Variante: Meinem Vater ein bestimmtes Gehalt bzw. eine Leibrente auszuzahlen.“

Ein Sonderfall tritt immer dann ein, wenn der Vater in den Betrieb eingeheiratet hat. Wenn er dann nicht die erste Geige (als Eigentümer) spielte, weil ja der Mutter der Betrieb gehörte, kann er später leichter loslassen und eventuell hinter dem Sohn in die zweite Reihe treten.

2. Es bekommt derjenige, der am meisten damit anfangen kann (der den Job kann, der den Betrieb auch will) – das kann auch der Jüngste sein.
3. Die Strategien für eine gerechte Aufteilung sind vielfältig und alle haben ihre Vor- und Nachteile. Eine Variante ist, dass nur diejenigen Anteile bekommen, die in leitender Stellung sind bzw. dazu bereit sind, eine solche auszuüben und sich darauf auch entsprechend vorzubereiten. Der Geschäftsführer einer Baufirma hat mir sein Modell so vorgestellt:

   „Es wurde eine Regel aufgestellt: Nur diejenigen sollen Anteile bekommen, die in leitender Stellung sind, die anderen sollen abgefunden werden. Leider hielten sich nicht alle an diese Vereinbarung.“

4. In einer vergleichbaren Firma wird das Problem durch eine Stiftung gelöst. Wie in vielen anderen Familienbetrieben ist hier eine gewisse Privatheit nach außen üblich, beschreibt der Juniorchef:

   „Hier möchte ich aber keine Details nach außen dringen lassen, wir haben hier sehr komplizierte Regelungen. Das Thema ist bei uns ja jederzeit spruchreif, denn die Generationen überschneiden sich inzwischen so, dass immer irgendwo gerade eine Übergabe passiert.“

Einige Regelungen einer Firma können uns als gutes Beispiel für erfolgreiche Strukturierung dienen:

„Bei uns geht es um eine große Familie und eine große Firma. Daher gibt es auch Grundregeln:

- *Nur die besten Leute kommen in die Firma, das kommunizieren wir auch intern, so dass es alle sehen.*
- *Es gibt natürlich einige Junge, die gar nicht in die Firma wollen. Die Firma war von der Tradition her immer auch ein Auffangbecken für die unfähigen Leute in unserer Familie, das sollte sie aber nicht sein.*
- *Es darf für die Firma keine finanzielle Schwächung bei Ausscheiden eines Erben als Gesellschafter geben. Es darf nicht sein, dass ein Erbe seinen Anteil dann mit möglichst viel Profit verkaufen will. Hier haben wir dank der Stiftung eine gute Regelung.*
- *Identifikation muss wichtiger sein als Gewinnstreben, hier müssen wir darauf schauen, dass alles längerfristig angelegt ist.*
- *Streit in der Familie soll vermieden werden.*
- *Streit im Unternehmen soll auch vermieden werden. Besser ein Ende mit Schrecken als ewige Verhandlungen, die irgendwann die Familie spalten."*

5. Ein erfolgreiches Modell besteht in diesem Betrieb in einer guten, ausdiskutierten Variante der Zusammenarbeit von Vater und Sohn, die für eine Übergangszeit auch hervorragend funktionieren kann, wie der oben schon erwähnte Juniorchef erzählt:

   „Mein Vater ist jetzt 86 Jahre alt und ist immer noch Geschäftsführer gemeinsam mit mir. Er mischt sich aber nicht ein und lustigerweise verdreht sich hier der eigentliche Ablauf. Er ist da, damit jemand da ist, wenn ich ausfalle. Normalerweise würde man das eher umgekehrt vermuten. Mein Vater ist körperlich und geistig sehr fit und wird sicher noch eine Zeit lang mittun, aber er interessiert sich auch sehr für andere Dinge, er hat jetzt Internet und surft herum etc. Er mischt sich aber nicht in meine Geschäftsführung ein, wir beschreiten hier einen angenehmen Mittelweg, der sonst nicht so üblich ist. Von 1994 bis 2000 hatten wir die Geschäftsführung überhaupt gemeinsam, seitdem ist er nicht mehr operativ tätig. Wir können aber sehr gut nebeneinander arbeiten, er hat mir in der Übergangszeit sukzessive die Verantwortung übergeben. Er schneidet jetzt Urlaubsfilme und ist überhaupt sehr aktiv. Er hat selbst schon gefragt, ob er raus soll. Wir haben uns dann geeinigt: Solange er Lust hat, bleibt er da!"

Daraus und aus vielen anderen Beispielen lässt sich das Erfolgsrezept ableiten: Wenn man eine für die Firma und die jeweils beteiligten Individuen gute Lösung schafft, so ist diese meistens sehr „handgestrickt“ und folgt nicht unbedingt einem bestimmten Modell. Das setzt jedoch eine gute Gesprächs- und Vertrauenskultur voraus.

Liebe Enkelin, wir müssen nun einen kleinen Ausflug in die Welt der sozialwissenschaftlichen Theorien machen, denn ich habe schon ein paar Mal den Begriff der „Gerechtigkeit“ gebracht. Er ist offensichtlich wichtig, wenn es um die Aufteilung eines Erbes geht, aber auch in vielen anderen Entscheidungssituationen ist es wichtig, die Grundprinzipien bzw. Formen der Gerechtigkeit zu kennen. Sie sind sehr alt und so scheue ich mich nicht, auf die Bibel zurückzugreifen, um das Ausmaß des Problems verständlich zu machen.

Die Formen der Gerechtigkeit

Immer dort, wo der **Einfluss der eigenen Familie** vorherrscht, wird das Problem schnell deutlich. Ein Jungunternehmer erzählt über das empfundene Unrecht, das fehlende Gleichgewicht:

> *„Plötzlich ist die elterliche Zuwendung weg gewesen. Vorher haben die Eltern geschaut, dass wir Kinder beide gleich bedacht werden. Jetzt sagen sie zu mir: ‚Du kannst es dir ja eh leisten.‘ Ergo: Die finanziellen Zuwendungen der Eltern haben seit der Übernahme aufgehört. Bei meiner Schwester machen sie das schon noch, weil sie ja bei den Kindern zu Hause ist. Ich bin hier also irgendwie allein gelassen. Doch mich stört das nicht. Meine Frau hingegen regt sich schon manchmal darüber auf. Ich erwarte nichts von meinen Eltern und erlebe das, was passiert, nicht als Unrecht. Meine Frau aber schon.“*

Der Prozess der Aufteilung ist sehr schwierig und muss vor allem „gerecht“ erfolgen. Das stellt eine besondere Herausforderung dar, wie an folgendem Beispiel klar wird. Ein Unternehmensgründer mit vier Söhnen erzählt, wie er den Prozess bewerkstelligt hat:

> *„Ich habe vier Söhne und drei Firmen. Die Frage war also: Wie können wir das gerecht aufteilen? Es liegt mir ja an jedem Sohn gleich viel. Das galt es abzubilden! Die Firmen für sich waren steuerlich (vor dem Finanzamt) nicht gleich viel wert – betriebswirtschaftlich gesehen. Alles unter allen Umständen zusammenlegen und durch vier teilen? Der Jüngste sagte*

damals, er steige nicht ins Unternehmen ein. Also was würde mit ihm werden? Sollte er Anteile an allen Unternehmen bekommen? Dieses und vieles mehr habe ich mir damals durch den Kopf gehen lassen und dann irgendwann erstmals meinen Söhnen vorgestellt. Ich habe mich mit meinen drei Söhnen zwei Jahre lang immer wieder zusammengesetzt und wir haben miteinander geredet und geredet: allein, mit eigenen internen Beratern, aber auch mit externen Beratern. Ich kann nur sagen, dass ich die Übergabe unterschätzt habe. Wir haben uns zum Teil wirklich bis auf die Unterhose ausgezogen! Ein guter Berater war mir hier mein Steuerberater. Er hat mir als Mensch wertvolle Tipps gegeben und mir geraten, wirklich alles ohne irgendeinen Gegenwert, auch nicht einen symbolischen Euro zu übergeben. Mir gehört also heute gar nichts mehr von meinen Unternehmen. Wenn ich nur die Geschäftsführung abgegeben hätte oder weiterhin noch irgendwie prozentual an den Unternehmen beteiligt wäre (egal ob durch Rente oder Gewinnausschüttung), wäre ich noch an die Unternehmen gebunden und meine Söhne wären nicht frei. Wir haben – entgegen dem betriebswirtschaftlichen Unternehmenswert – intern alle drei Unternehmen gleich bewertet. Es gibt auch keinerlei Beteiligung der Söhne untereinander am Unternehmen der anderen. Zwei teilen sich eine Firma 50:50. Doch zwischen den drei Unternehmen gibt es keine finanziellen Querverbindungen. Das haben die Söhne als „Seelenkauf" bezeichnet und abgelehnt. Aber ich sehe, dass sie sehr wohl netzwerken und einander Aufträge zukommen lassen – freiwillig und aus Überzeugung. Mein Anliegen war es ja, dass die Übergabe halbwegs gerecht ist. Dieses Empfinden soll bei allen bleiben."

Eine Hilfe stellen hier die verschiedenen Formen der Gerechtigkeit dar. Ich bringe dir als Beispiel die Geschichte vom „verlorenen Sohn" aus der Bibel – hier nur in stark verkürzter Fassung:

„Ein Vater hatte zwei Söhne. Der Erstgeborene war ein fleißiger Jüngling, der dem Vater auf dem Feld brav zur Hand ging. Der Jüngere war ein Taugenichts, der sich am liebsten mit Freunden herumtrieb und sich im Hause nahm, was er brauchte. Eines Tages ging der jüngere Sohn von zu Hause fort. Er nahm Geld mit, Kleidung und Essen, während der ältere Sohn daheim blieb und dem Vater weiterhin eine große Hilfe war.
Viele Jahre vergingen, der Vater und die Mutter waren inzwischen alte Leute, da klopfte es eines Abends an der Tür und der jüngere Sohn trat ein. Er war heruntergekommen und hatte offensichtlich schon lange nichts gegessen.

Nachdem ihn die Familie willkommen geheißen hatte, verlangte der jüngere Sohn nach seinem Erbe. Vater und Mutter berieten sich und gaben schließlich dem jüngeren Sohn all das Geld, das sich im Laufe der Jahre reichlich angesammelt hatte – nicht zuletzt durch die Mithilfe des älteren Sohnes. Dieser war ob der Verteilung des Erbes erzürnt."

Wie die Geschichte ausgeht, ist in der Bibel zu lesen – hier interessiert uns die Frage nach der Gerechtigkeit. Warum hat der jüngere Sohn, der nie mithalf und keinerlei Leistung vollbracht hatte, das gesamte Erbe bekommen? Warum war es nicht zwischen den Söhnen aufgeteilt worden? Es war ja schließlich nicht die Schuld der Familie, dass der jüngere Sohn in der Fremde alles verprasst hatte.

Der erste Gedanke, der hier aufkeimt: Das ist ungerecht!

Sehen wir uns zur Beantwortung der Frage nach der Gerechtigkeit einmal an, was die Söhne auszeichnet: Der ältere ist fleißig, er erbringt regelmäßig Leistung für die Familie. Der jüngere Sohn ist faul und sticht dadurch heraus, dass er an die Familie mit Bedürfnissen herantritt. Es gibt nun mehrere Formen der Gerechtigkeit, die auch in modernen Unternehmen unterschieden werden müssen:

Die Leistungsgerechtigkeit

Sie ist die vorherrschende, „gefragte" Form in Hierarchien. Die Belohnungen – meistens Geld, aber auch, sehr modern, „Incentives" – werden an denjenigen vergeben, der die beste Leistung erbringt: der am meisten verkauft, die motiviertesten Mitarbeiter, die schnellste Projektorganisation hat usw.

Diese Form der Gerechtigkeit eignet sich gut, um das Konkurrenzprinzip zu fördern. Das „Gegeneinander" wird geschürt, denn nur derjenige, der besser ist als der andere (oder auch als eine fiktive Vorgabe), erhält die Belohnung.

Die Leistungsgerechtigkeit ist ein männliches, väterliches Prinzip.

Die Bedürfnisgerechtigkeit

Eine Mutter gibt demjenigen ihrer Kinder am meisten zu essen, das den größten Hunger hat – ein Phänomen, das vor allem dann seine Gültigkeit hat, wenn genug Ressourcen vorhanden sind, um alle Kinder ernähren zu können. Die Mutterbrust bekommt derjenige gereicht, der ihrer bedarf – nicht derjenige, der am meisten „leistet".

Dieses Prinzip ist in Hierarchien nur selten zu finden, in Gruppen häufiger, da dort alle Mitglieder ein wertvoller Bestandteil der Gruppe sind, um deren Erhalt man sich gemeinsam kümmern muss. Die Bedürfnisgerechtigkeit ist ein weibliches, mütterliches Prinzip. Wenn es nur Leistungs- und Bedürfnisgerechtigkeit gäbe, so hätte die moderne Form des menschlichen Zusammenlebens wenig Chancen zu bestehen. Unter Menschen, die nach dem Prinzip der Leistungsgerechtigkeit leben, lautet das Motto: „Es ist gerecht, wenn der Stärkere alles bekommt" – der Schwächere muss dem Stärkeren weichen, bekommt gar nichts und stirbt. Diese Form der „Gerechtigkeit" wird mittels Gewalt durchgesetzt und zeichnet sich durch einige Nachteile aus, welche die Menschen dazu veranlasst haben, ein weiteres Prinzip der Gerechtigkeit einzuführen:

a) Der Schwächere hat oft Informationen, Können oder Wissen, das für das Überleben der anderen (Gruppenmitglieder) wichtig ist.

b) Eine Weiterentwicklung der Konfliktlösungsmöglichkeiten ist nur dann möglich, wenn die Gewalt in „geordnete Bahnen" gelenkt wird.

c) Wenn genug Ressourcen vorhanden sind, macht es wenig Sinn, wenn der Stärkere alles besitzt.

Die Menschen entwickelten das Konfliktlösungsmodell der Hierarchie, die „Delegation". Diese ist jedoch nur durchzusetzen, wenn man die Menschen zwingen kann, all ihre Konflikte an die höhere Instanz zu delegieren. Dazu wurde das „Gewaltmonopol" erfunden – Polizei, Gerichte und Gefängnisse sind moderne Manifestationen dieses Prinzips.

Wenn der Richter entscheidet, dann haben wir hier die dritte Form der Gerechtigkeit:

Die Gesetzesgerechtigkeit

Das Gesetz entscheidet, wer wann was bekommt. Dies ist ebenfalls ein männliches, hierarchisches Prinzip.

In Organisationen ist es notwendig, alle drei Gerechtigkeiten im System irgendwo verankert zu haben, um bei gegebenem Anlass darauf zurückgreifen zu können.

TIPP 15: In der Diskussion um die Aufteilung sind alle drei Formen der Gerechtigkeit zu berücksichtigen. Am besten läuft es, wenn die drei Formen und ihre Unterschiede allen Beteiligten bekannt sind. Man kann dann die Schwierigkeiten auf das Modell hin „abklopfen" und erkennen, wo man in die Falle geht, eine Gerechtigkeitsform mit der anderen zu verwechseln!

Die Frage von Gabe und Gegengabe stellt sich etwa in landwirtschaftlich orientierten Systemen oder Gesellschaften nicht in demselben Ausmaß wie in einer Industrie- oder Informationsgesellschaft. Wenn man der Ansicht ist, dass Besitz gar kein wirklicher Besitz ist („Ich habe das Land nur von meinen Kindern geborgt"), dann bekommt Erbe eine andere Qualität: Man vererbt nur die Möglichkeit der weiteren Benützung. Im Süden Indiens gibt es Gesellschaften, in denen jede Familie eine oder mehrere Kokospalmen besitzt. Mittels ausgeklügelter Technik können sie die Palme bzw. das, was sie abwirft, fast zur Gänze nutzen. Das Überleben ist durch den „Besitz" der Palmen gesichert. Dort geht es nicht um die Erzeugung von Überschuss, sondern um das Ausnutzen der ständig nachwachsenden Ressourcen. Eine alte Inderin meint: Die Palme gibt nur, sie nimmt nicht – daher ist sie göttlich.

Es ist in modernen Gesellschaften nicht üblich, das Eigentum als das nutzbare Vorhandene anzusehen. Stattdessen finden wir eine stark individualisierte Variante des Eigentumsbegriffs vor, deren Wurzeln unter anderem in der Entwicklung des Patriarchats zu suchen sind: In einer männerdominierten Gesellschaft müssen die Söhne per decretum als Eigentum der Väter definiert werden, damit eine Erbnachfolge stattfinden kann. Es entsteht persönliches Eigentum, das man verwenden und auch aufbrauchen kann. In einer Gesellschaft, in der das Pensionssystem die Alten erhält, brauchen die Kinder kein direktes Erbe mehr – sie machen eine Ausbildung und finden ihren eigenen, von den Eltern unabhängigen Beruf. Die Weitergabe lebensnotwendiger Ressourcen ist oft vom Familiensystem abgekoppelt – erben heißt Reichtum anhäufen. Wenn man das anders sieht, fällt das Loslassen leichter und so antwortet ein Übergeber auf die Frage, welche Gegengabe er für sein Erbe erwartet:

„Keine. Mir gehört hier nichts mehr. Und das stimmt für mich als Vater. Immer gehörte alles schon meinen Kindern."

Die Gegengabe wird sehr individuell bestimmt:

> *„Als Elternteil ist es das Schönste zu sehen, wie die Kinder groß werden. Wenn sie dann alle das Abitur schaffen, ist man schon ganz glücklich. Wenn sie dann auch noch studieren und ihr Studium erfolgreich abschließen, ist man nochmals beschenkt. Wenn man sieht, dass sie einen eigenen Job finden und beruflich erfolgreich und privat glücklich sind und eigene Familien gründen, dann hat man alles bekommen, wofür man Eltern geworden ist. Ich hatte das gleich vier Mal. Also bin ich ein reicher Mann. Was will ich noch mehr? Als meine Söhne zu mir ins Unternehmen kamen, hatten sie alle einen Job, bei dem sie mehr verdienten, als ich ihnen bieten konnte. Und sie sind dennoch alle gekommen. Das hat mich natürlich gefreut. Ich vertraue meinen Söhnen ganz und gar. Sie sind sehr fähig. Sie können es. Sie können es allein!“*

DER ÜBERGEBER

Da ich selbst sowohl Übergeber als auch Übernehmer bin, kenne ich beide Seiten und weiß, wie unterschiedlich sich die Probleme teilweise darstellen – und doch sind sie oft nicht voneinander zu trennen. Ich berichte dir zuerst von den Übergebern und dann von den Übernehmern.

Die Motive der Übergeber

Ich darf sie hier noch einmal für dich zusammenfassen:

- Alter und Gebrechlichkeit – die eigenen Kräfte schwinden, man hat viele Jahre hart gearbeitet und es wird langsam deutlich, dass es irgendwann nicht mehr geht.
- Der Wunsch aufzuhören – man hat viel getan, hat genügend erreicht und ausreichend Geld, um einen schönen Lebensabend zu gestalten.
- Reizvolle Alternativen – ein neuer Job wartet, man hat die Firma aufgebaut, nun möchte man sich etwas Neuem zuwenden.
- Die Nachkommen sind flügge – man ist selbst noch nicht am Ende seiner Kräfte, es gibt jedoch schon Söhne oder Töchter, die den Betrieb gerne übernehmen würden.
- Der Markt hat sich verändert – neue Technologien sind gefragt, mit denen man sich nicht mehr auseinandersetzen möchte. Die Firma ist einiges wert – junge Leute können sie mit Gewinn weiterführen.

All diese Motive gibt es, die letzten beiden sind jedoch seltener und ich zähle sie der Vollständigkeit halber auf.

Nun kommen wir zum wichtigsten Punkt der Problematik. Die gerade aufgezählten Motive sind nämlich schön und gut, de facto stoßen sie jedoch oft auf inneren Widerstand, der zu einer ambivalenten Haltung führt: Man will übergeben – und man will nicht. Tausend Gründe können gefunden werden und vielfach werden sie sogar gesucht – nicht in böser Absicht, sondern weil hier Kräfte tätig sind, die ich dir noch erläutern muss.

> **TIPP 16:** Versuche immer – vielleicht mithilfe obiger Liste – herauszufinden, welche Motive hinter einem Übergabeprozess stecken. Nimm auch die weiter unten angeführten Motive der Übernehmer zu Hilfe und vergleiche sie mit deinen eigenen und mit denen des Übergebers. Oftmals taucht dann die gerade vorliegende Problematik schon auf und es wird klar, wo angesetzt werden muss.

Der Übergeber gründet ein Unternehmen, um etwas „**Eigenes**" zu machen und damit wirtschaftlich erfolgreich zu sein. Dieses Eigene ist in unterschiedlichem Ausmaß Teil seiner selbst, also Teil seiner Ich-Konstruktion, Teil seiner **Identität**, Teil seines Lebens, oft sein Lebenswerk:

„Ich war ja angestellt, wollte aber meinen eigenen Stil entwickeln und meinen eigenen Weg gehen."

Unternehmer haben oft **hochgesteckte Ziele** und **Visionen**:

„Mein Bestreben war immer, das Unternehmen zu entwickeln und an die Börse zu bringen, damit wir es mit Vollgas weiterführen können. Durch den Börsegang haben wir viel Geld bekommen, in naher Zukunft werden wir in Europa zu den Erfolgreichsten zählen. Diese Position zu erringen, das ist mein Ziel. Das war und ist mein Unternehmensziel! Wenn das erreicht ist, habe ich alles bekommen, was ich bekommen kann."

Diese sehr kraftvollen Formulierungen beweisen einen starken Willen und eine hohe Identifizierung mit dem Unternehmen. Je größer diese sind, desto schwieriger ist es, einen Nachfolger zu finden bzw. zu akzeptieren und später auch loszulassen.

Im Laufe der Jahre bilden sich Unternehmerpersönlichkeiten, die manchmal harte Zeiten durchmachen müssen, hohe Risiken eingehen und unter Einsatz ihrer ganzen Kraft ein Unternehmen aufbauen, manchmal retten und hin und wieder auch seinen Untergang miterleben müssen. Diese Menschen sind mit ihrem Unternehmen verwachsen, sie sind es gewohnt, ihr „eigener Chef" zu sein, und lassen sich kaum dreinreden – was leider deine Position als Beraterin erschwert. Du kannst all das z.B. auch daran erkennen, dass sie gern über die Geschichte ihrer Firma reden. Das ist ein Vorteil für dich, denn die Historie ist fast immer sehr wichtig oder sogar ausschlaggebend für die Situation, die du bei einer Übergabe vorfindest.

> **TIPP 17:** Führe ein Gespräch mit dem Übergeber und lass dir die Geschichte des Unternehmens in allen Details erzählen – auch das, was dein Gegenüber selbst nicht miterlebt, sondern nur von seinem Vater oder Großvater gehört hat. Es wirkt trotzdem in die aktuelle Situation hinein. Mach dir genaue Notizen und versuche, die Motivstränge nachzuvollziehen, die sich in den Geschichten finden.

Besonders wichtig ist es, dass du all die Kriterien kennst, die eine erfolgreiche Übergabe verhindern oder erschweren. Ich habe sie im Laufe der Jahre gesammelt und mit den entsprechenden Geschichten unterlegt:

Kriterien, die eine erfolgreiche Übergabe verhindern oder erschweren

Der Übergeber will eigentlich nicht aus dem Unternehmen aussteigen

Eine Gastwirtin schildert ihr Dilemma, es ist ein Beispiel für die Ambivalenz, von der ich dir erzählt habe:

> *„Wenn ich jetzt vom Stammtisch aus in den Garten schaue, sehe ich da lauter glückliche Gäste und dann will ich nicht in Pension gehen! Ich könnte einen Mittelweg gehen und nur vier Monate im Jahr offen haben. Das machen wir jetzt eh schon fast so, wir haben bereits reduziert. Ich hatte immer en bloc offen und ich habe in 23 Jahren nur drei Tage zugesperrt. Aber mir sind die Gäste am wichtigsten, was soll ich ohne sie machen? Ich kann nicht einfach zusperren, wann es mir passt, so wie das andere machen."*

Mit allen Mitteln die Illusion aufrechterhalten, dass es ewig so weitergehen wird

Ich höre sehr oft Aussagen wie: „Ein paar Jahre geht es sicher noch – der Junge ist noch nicht so weit – mir wird schon nichts passieren." Das funktioniert, indem man so viel an sich zieht, dass man unentbehrlich wird, z.B. indem man niemandem Einblick in die Projektunterlagen gewährt, wie mir ein Übernehmer berichtet hat:

> *„Mein Vater müsste Projekte abgeben, aber er findet bei jedem Projekt einen Grund, warum das doch nicht geht. Sollte er ausfallen, kann die Projekte niemand fortführen!"*

Wenn man sich also weigert, in die Zukunft zu blicken, braucht man auch an die Übergabe nicht zu denken. Meistens gibt es dann noch die Illusion, man hätte ohnehin schon übergeben.

Oft mischen sich „alte" Einstellungsmuster mit den Anforderungen, die ein „modernes" Leben stellt. Die Übernehmer sind nicht mehr bereit, alles zu opfern. Das führt uns zu einem weiteren Punkt:

Die Bindung an die Kunden ist sehr stark

Dies ist vor allem in Branchen wie der Gastronomie oder dem Großhandel ein wichtiges Kriterium. Wird der Übernehmer die guten Kontakte weiter pflegen können? Will ich sie überhaupt hergeben? Wie weit sind sie mein hart erarbeitetes Kapital? Werden die Kunden nicht doch zur Konkurrenz gehen? All diese Fragen machen den Übergabeprozess schwierig.

Sorge um die Kompetenz der Übernehmer

Sind sie fähig, alle schwierigen Bereiche zu managen? Auch hier gibt es Zweifel. Dies führt dazu, dass der Übergeber überall Mängel sucht und irgendwann dann auch entdeckt: Der Junge kann es offensichtlich nicht wirklich gut – auf jeden Fall nicht so gut wie der Alte selbst – und bringt neue Ideen ein, die teuer sind und nichts bringen. Ein Übernehmer klagt hier sein Leid:

> *„Die Frage ist: Wer trifft die Entscheidungen? Keiner weiß es! Mir wird gesagt: Du bist der Chef, mach was! Aber wenn ich dann was entscheide,*

wird es hinterfragt: Brauchen wir das wirklich? Ist das nicht zu teuer? Und so weiter …"

„Der Prophet gilt im eigenen Land nichts" – so heißt das alte Sprichwort und in der Praxis habe ich das des Öfteren bemerkt. Es geht um die Frage der fehlenden Anerkennung, unter der viele Übernehmer leiden.

TIPP 18: Manchmal muss man hier ein ernstes Wörtchen mit den Übergebern reden, denn oft ist ihnen gar nicht bewusst, dass sie ihren Söhnen, Töchtern, seltener auch fremden Übernehmern, die notwendige Anerkennung versagen. Hier hilft oftmals nur ein Blick von außen, sprich durch einen externen Berater.

Druck vonseiten der Übergeber/Eltern

Dazu zählen unausgesprochene Erwartungen, finanzieller Zwang, hohe „Ablösen" etc. Dies führt immer wieder zu Widerstand, wie ein junger Übernehmer verdeutlicht:

„Er hat uns immer wieder gefragt: ‚Wann kommt ihr?' Der Druck war und ist von seiner Seite groß. Aber die Frage ist, ob man den annehmen möchte. Die Firma meines Vaters zu führen ist für mich erst später mal ein Thema. Ich behalte mir aber auch vor, was anderes zu tun."

Im folgenden Zitat schildert ein junger Wirtssohn, wie er sich erfolgreich gegen den Druck gewehrt hat, auch wenn er dafür bis ans andere Ende der Welt fliegen musste:

„Die Eltern haben mich immer wieder zwischendurch gefragt, ob und wann ich denn übernehmen könnte, und das war sehr nervig. Was ist los, wann fängst du endlich an? Das war aber zu früh für mich und so bin ich wieder auf Saison gegangen und war dann im Sommer 2005 am Attersee, dort hatte ich die Chance, mein eigener Chef zu sein. Danach haben die Eltern besonders Druck gemacht und ich habe beschlossen, noch ein Jahr wegzugehen. Dann hab ich mir mit meiner Freundin fünf Monate eine Auszeit in Australien genommen."

Mangelnde Perspektiven und Alternativen für das Leben nach der Übergabe

Ein sehr häufiger Grund, nicht loslassen zu können. Wenn man dann verkrampft versucht, irgendein Hobby anstelle der Arbeit zu forcieren, scheitert das meistens.

> **TIPP 19**: Versuche herauszufinden, was jenseits der Firma für den Übergeber noch Wert hat. Manchmal muss man hier bis in die Kindheitsträume zurückgehen, um etwas zu finden, das genügend reizvoll ist. Das Verschüttete ist oft das Wertvolle. Wie sieht sein „Traum vom Leben nach der Firma" aus?

Ausstieg = Schock = Tod

Je mehr die Firma der Lebensinhalt ist, je weniger Beschäftigungsfelder der Übergeber nebenbei noch hat, desto gefährlicher ist für ihn der Ausstieg.

Altes muss unter allen Umständen bewahrt bleiben

Das Alte ist das Bewährte – und das nicht ohne Grund. Je länger es unverändert erhalten werden kann, desto besser – also wird auch die Übergabe hinausgeschoben.

Selbermachen ist besser als Delegieren

„Egal wer den Betrieb übernimmt – so viel wie ich selbst wird er nie können, dazu fehlen ihm viele Jahre an Erfahrung. Also mache ich alles selbst, solange es irgendwie geht!" So oder so ähnlich habe ich das unzählige Male gehört – das ist einer der schlimmsten „Killer" eines Übergabeprozesses!

Unklarheit in Bezug auf den Zeitpunkt der Übergabe

Sobald der Nachfolger es sich zutraut – oder erst wenn man selbst nicht mehr kann? Oder nach steuerlichen Aspekten? Hier wird meist verdrängt, weil die

Klärung dieser Fragen mühsam erscheint. Manchmal werden auch gerade dann Berater hinzugezogen.

Die Übergangsphase zu kurz, gar nicht oder auch zu lang gestalten

Mit diesem Problem werden wir uns noch etwas ausführlicher beschäftigen müssen, denn es ist außerordentlich wichtig und zugleich sehr komplex. Wie soll man den „richtigen" Zeitpunkt finden? Dieser ist von Unternehmen zu Unternehmen verschieden. Hier sind externe Berater gefragt, da diese mittels ihrer Außensicht Aspekte erkennen, die aus der Innensicht nicht möglich sind.

„Erbschaft" wird als Thema ausgeblendet

Ein sehr häufiger Grund für verzögerte oder zu spät bzw. gar nicht stattfindende Übergaben. Schon früh ist klar, dass es nicht ohne heftigen Streit abgehen wird, wenn das Thema Aufteilung des Vorhandenen erst einmal auf dem Tisch ist. Die Lösung: Es wird schlicht und einfach nicht darüber gesprochen – und somit auch nicht über die längst fällige Übergabe.

Angst vor einer „Entfremdung" durch „Angeheiratete"

Wenn der Betrieb übergeben wird, dann hat plötzlich eine Schwiegertochter oder ein Schwiegersohn das Sagen – möglicherweise jemand, zu dem man nicht viel Bezug hat! Die Angst, nicht mehr Herr im eigenen Haus zu sein und sich in die Abhängigkeit von anderen zu begeben, spielt oft eine große Rolle, wie ein Übergeber betont:

> *„Ich will nicht von irgendwelchen Schwiegertöchtern abhängig sein, die ich vielleicht noch nicht einmal kenne!"*

Angst vor „Veräußerung" des Unternehmens

Nach der Übergabe hat jemand anderer das Sagen und kann mit dem Betrieb tun und lassen, was er will. Wer weiß, ob er die alten, treuen Mitarbeiter nicht kündigt oder gar den ganzen Betrieb zerreißt und die Einzelteile verkauft?

Unrealistische Einschätzung in Bezug auf die „Gabe"

Stichwort Unternehmensbewertung: Der Senior hat oftmals einen kleinen Betrieb übernommen und ihn erweitert. Er hat gemeinsam mit seiner Frau viele Jahre harter Arbeit investiert und auch Erfolge geerntet. Vielfach sind diese Unternehmen sehr viel wert, oft aber auch weniger, als man glaubt, und vor allem weniger, als man sich eingestehen will. Erst eine unabhängige Bewertung durch einen externen Spezialisten bringt die Wahrheit ans Licht. Auch hier zeigt sich, dass meist eine starke Vermischung Familie/Betrieb vorliegt und emotionale Bindungen mehr zählen als betriebswirtschaftliche Fakten.

> **TIPP 20:** Im Idealfall bewertet man den Betrieb so, als würde man ihn einem Externen verkaufen. Nicht immer ist das möglich, aber der tatsächliche Wert bestimmt immer die Vorgänge und Stimmungen nach der Übergabe, auch wenn nicht der volle Preis bezahlt wurde.

Der Betrieb ist verknüpft mit dem Privateigentum

Das kommt häufiger vor, als man denkt, in erster Linie natürlich in der Landwirtschaft, aber auch in der Hotellerie und im Gastgewerbe. Die Handwerksbetriebe, wo dies ebenfalls so ist, verschwinden zusehends, der Punkt bleibt trotzdem schwierig, wie eine Gastwirtin erzählt:

> *„Es haben schon fremde Leute gesagt: Ich übernehme das! Aber das geht nicht wegen der Villa – die Küche und das Vorzimmer und andere Teile sind ja gemeinsam und ich müsste immer die Fenster verriegeln und die Vorhänge zuziehen, wenn wir die Gastwirtschaft verpachten würden. Mein Mann könnte nicht auf die Terrasse, wenn da dauernd Leute vorbeigehen. Entweder führt eines der Kinder den Betrieb weiter oder es geht halt nicht. Wir könnten die gesamte Villa samt Lokal und Grundstück verkaufen, aber wieso sollten wir das tun? Da müssten wir finanzielle Probleme haben."*

Selbst am Firmensitz wohnen

Dann hat man alles im Griff! Das ist auch ein häufig umstrittener Punkt, der mir in vielen Unternehmen untergekommen ist. Einerseits war es früher durchaus üblich, auch am oder neben dem Firmensitz zu wohnen, vor allem in der Land- und Weinwirtschaft. Die Alten blieben am Hof und arbeiteten noch so lange mit, wie sie konnten. Das hat unbestritten Vorteile, und wenn das Einvernehmen gut ist, dafür gibt es unzählige Beispiele, kann dieses Modell gut funktionieren – allein schon wenn man die Vorteile von Leibrentemodellen betrachtet. Wehe jedoch, wenn der Alte nicht vom Betrieb lassen kann, dann führt dies oft zu heftigen Konflikten. Die ständige Einmischung zermürbt vor allem den Übernehmer.

Übergeben, aber im Hintergrund weiter mitarbeiten

Übergeber machen das sehr oft, entweder um die Fäden in der Hand zu behalten oder um die Jungen zu entlasten, solange man noch kann (hier wird deutlich, wie schmal die Grenze ist!). Eine Steigerung besteht in dem Versprechen, nur noch in dringenden Fällen auszuhelfen, jedoch alle wichtigen Entscheidungen an sich zu ziehen. Ein junger Unternehmer (Handel) beschreibt, wie das funktioniert:

> *„Der Vater ist jetzt 67, redet dauernd vom Aufhören und arbeitet sechs Tage die Woche. Er hat keine Freunde und keine Hobbys. Mein Onkel ist 82 und arbeitet volle Kanne, der ist sozusagen das Vorbild."*

Wenn der Senior bei entsprechender Rüstigkeit mitarbeitet, ist das zwar auf den ersten Blick ein Vorteil, kann aber auch problematisch werden, etwa wenn der Alte entsprechendes Wissen bzw. Kompetenzen nicht aus der Hand gibt und dann plötzlich stirbt. Diese tragischen Fälle passieren immer wieder und sind natürlich nicht vorhersehbar, wie ein Übergeber berichtet, der von seiner eigenen Übernahme erzählt:

> *„Der Junge rechnet immer mit der Mithilfe des Alten, das war bei mir auch so, dass mein Vater noch lange mitgearbeitet hat und nicht daran dachte, aufzuhören. Das ist immer gefährlich, denn mein Vater bekam Leukämie und dann war nicht nur er weg, sondern auch meine Mutter, weil die ihn ja pflegen musste. Nun war ich mit meiner Frau plötzlich allein. Das war sehr*

schwer und vor allem meine Frau hatte eine Doppelbelastung wegen der Kinder."

Es passiert häufig, dass die Geschäftsführung zwar übergeben wird, der Eigentümer sich jedoch in dieser Funktion wieder ins Tagesgeschäft einklinkt.

Die Kinder nach der Übergabe zu sehr unterstützen

Das nimmt ihnen die Energie, etwas Eigenes aufzubauen. Das bestätigt eine junge Wirtin, die sich selbstständig gemacht hat:

„Ich nehme keine Ratschläge von den Eltern an und bin ein ziemlicher Sturschädel. Ganz am Anfang war mein Vater eine Zeit lang hinter der Schank und da war ich sehr garstig! Ich mach das allein – das ist mein Motto. Anfänglich und bis heute sagen manche Gäste: Was, eine Frau allein? Das gibt es nicht, wer steht denn da in der Küche? Ich sage dann: Ein Koch! Jeder glaubt, im Hintergrund arbeiten mein Mann oder meine Eltern. Manche glauben bis heute, meine Eltern hätten mir das gekauft, aber das stimmt nicht. Meine Eltern haben mir immer gern geholfen und tun das bis heute, aber nur wenn ich sie ausdrücklich darum bitte. Nach zwei Jahren war es dann so weit, dass ich angerufen habe und meinen Vater gebeten habe, mir in der Schank zu helfen. Da war er auch sehr stolz."

TIPP 21: Im Falle einer Übernahme/Übergabe ist es hilfreich, diese Liste der Kriterien, die eine Übergabe erschweren, nach möglichen Hindernissen durchzugehen – hier ist einerseits Ehrlichkeit gefragt, andererseits wissen die Übergeber manchmal selbst nicht, dass das eine oder andere Hindernis dieser Aufzählung für sie zutrifft – der letzte Punkt etwa ist sicherlich sehr von der subjektiven Sicht abhängig: Ob ich meine Kinder, meinen Nachfolger im richtigen Ausmaß oder zu sehr unterstütze – wie kann man das feststellen? Meist ist hier die externe Sicht notwendig bzw. du musst die Beteiligten selbst befragen. Ein offenes Gespräch über die möglichen, wahrscheinlichen oder unwahrscheinlichen Hindernisse bringt fast immer wichtige Erkenntnisse.

Kriterien, die eine erfolgreiche Übergabe ermöglichen bzw. unterstützen

Liebe Enkelin, ich habe dir die Kriterien für eine erfolgreiche Übergabe zusammengestellt. Sie können niemals vollständig sein, treffen aber sicher die wichtigsten Punkte. Sie sind teilweise Antworten auf die gerade erwähnten negativen Kriterien, in der folgenden Ausführung werden jedoch auch noch viele Stolpersteine dargestellt. Scheitern und Erfolg liegen so nahe beieinander, dass du als Übernehmerin in Zukunft immer beide Bereiche vor Augen haben musst: Was bringt Erfolg und was behindert ihn?

Damit es leichter ist, habe ich dir am Schluss der Ausführungen eine Fragenliste beigelegt. Viele der Fragen, die sich aus den Kriterien ergeben, sind dort aufgelistet, andere werden dir im Laufe eines Prozesses selbst einfallen, du kannst sie ja dann in der Liste ergänzen und beantworten.

Es muss der Wunsch einer Übergabe vorliegen

Der Übergeber muss von sich aus spüren, dass eine Übergabe sinnvoll oder sogar notwendig ist, etwa weil er es körperlich nicht mehr schafft, den Betrieb zu führen. Daraus leitet sich meist ein Gefühl für den richtigen Zeitpunkt ab sowie die Einsicht, dass er sich von sich aus zurückziehen muss und im Idealfall auch kann. Ob Alter im Sinne von Gebrechlichkeit oder auch genug zu haben vom ewig Gleichen, es macht nicht mehr so viel Spaß, ich habe noch andere Interessen im Leben: Letztlich geht es um die **Motivation** zu übergeben.

Die Erkenntnis, dass es nicht ewig weitergehen kann

Was auf den ersten Blick logisch und einfach klingt, stellt oft eines der größten Probleme dar: Der Senior will nicht aufhören und glaubt, dass es ewig so weitergehen kann. Oft hilft erst ein dramatisches Ereignis weiter. Ein Übernehmer hat mir berichtet, wie ein Herzinfarkt die Erkenntnis gebracht hat:

> *„Der Übergeber muss die Übergabe zulassen können. Er braucht die Erkenntnis, dass es nicht ewig so weitergehen kann. Im Fall meiner Tante war es ein Herzinfarkt ihres Lebenspartners, der ihr eine andere Lebens-*

qualität aufzeigte. Auch hat sie irgendwie die Lust am Arbeiten verloren. Sie will jetzt einfach nicht mehr die (alleinige) Verantwortung tragen. Sie will noch weiterhin Nutznießerin sein und das Gefühl haben: Es ist meins. Und dieses Gefühl bleibt eben erhalten, wenn der Betrieb von der Familie weitergeführt wird. Mit mir als neuem Eigentümer ist es immer noch ‚Ihres'. Das wäre bei einem externen Verkauf nicht der Fall."

Der Übergeber will sein Lebenswerk in guten Händen sehen

Hier gelten die Familienbande vor Externen. Erst wenn das gegeben ist, ist er zu einer Übergabe bereit, wie ein Übernehmer mir erzählte, der mit seiner Mutter gerade den Prozess durchmacht:

> *„Ich übernehme den Namen, die Struktur, ihr Know-how und ihren Kundenstamm. Mit meiner Mutter stecke ich noch im Prozess. Wichtig ist, ihr zu vermitteln, dass sie nur noch Berater ist, wenn ich sie brauche. Dafür ist sie optimal und so hat sie weiter eine Aufgabe."*

Der Übergeber will für den Rest seines Lebens finanziell abgesichert sein

Er möchte, sofern er die Firma verkauft, einen guten Preis dafür erlösen. Sollte er sie an einen Nachkommen übergeben, so will er einen entsprechenden Gegenwert haben. Dieser kann finanzieller Natur sein (Leibrente) oder auch aus der entsprechenden Würdigung des Wertes des Unternehmens bestehen. Letzteres setzt aber voraus, dass der Übergeber finanziell abgesichert ist. Die Bewertung immaterieller Werte ist schwierig – wo viel materiell Bewertbares da ist, fällt die Übergabe leichter. Eine wirtschaftliche Strategie besteht darin, sich **selbst** möglichst viele **Werte** zu **schaffen**, um nicht auf das Geld vom Verkauf der Firma angewiesen zu sein, berichtet ein junger Unternehmer:

> *„Bis 60 Jahre möchte ich mir so viel Geld erarbeitet haben, dass ich mein Kind, falls es diesen Betrieb übernehmen möchte, finanziell nicht damit belaste, wenn ich ihm übergebe."*

Wenn der Übergeber das Unternehmen nicht verkaufen oder vererben will, so kann er zwar die Geschäftsführung abgeben, selbst aber noch aus den Gewinnen schöpfen, etwa bis an sein Lebensende. Auch hier finden wir eine Gratwanderung, denn eine Beteiligung als Absicherung verlockt zur operativen Teilnahme, wie mir eine junge Übernehmerin schilderte:

„Mein Vater wird aber bis an sein Lebensende weiterhin Gesellschafter bleiben, weil er die Gewinne am Unternehmen haben will, um seinen sehr hohen Lebensstandard weiterführen zu können. Also gibt es die jährliche Gesellschafterversammlung und da wird er sicher mitreden wollen."

Der Übergeber hat Alternativen für die Zeit danach

Er kann etwa einem erfüllenden Hobby nachgehen, sich von den Strapazen der Firmenführung ausruhen oder eine neue Firma gründen. Neue Aufgaben bzw. neue Träume und Wünsche, die man sich erfüllen kann (Kunstgalerie, Weltreise, Golf spielen, Enkelkinder etc.) schaffen die Perspektive für einen Ausstieg. Hier geht es darum, dass sich der Übergeber rechtzeitig um alternative **Betätigungsfelder** kümmert (Politik, Kunst, Sport etc.), um nicht einen Pensionsschock zu erleiden. So erzählt ein junger Übernehmer, dass Weitblick auch in seinem Alter (30 Jahre) notwendig ist:

„Der Sohn ist jetzt sieben, und wenn er dem Betrieb nach 23 Jahren übernehmen könnte, was mache ich dann? Ich bin dann auch erst ca. 50 Jahre und noch nicht im Rentenalter, da eröffne ich mir ein neues Feld!"

Ein Beispiel für einen Traum danach bringt der Senior einer erfolgreichen Firma:

„Mein Traum ist: Ich hätte gern eine Sendung im ORF, ein Nachtgespräch einmal monatlich mit interessanten Menschen. Das wäre was Tolles für mich. Mir hat immer viel Abwechslung gefallen."

Viele Unternehmer haben es weit gebracht, weil sie mit großer Motivation ihre Ziele verfolgt und sich vielen Herausforderungen gestellt haben. Ihr Elan ist oft nicht von heute auf morgen weg und so brauchen die Übergeber einen entsprechenden **Ausgleich.** Ein Sohn berichtet über die Pläne seines Vaters, dem er noch für viele Jahre die entsprechende Energie zutraut:

„Mein Vater ist ja ein Arbeitstier. Deshalb möchte er selbstständig bleiben und Berater für den technischen Bereich werden. Das macht er jetzt auch innerhalb der Firma schon. Das kommt gut an. Er wird sicher einer von diesen Männern, die mit 80 Jahren noch ins Büro gehen. Er braucht das, außer

Haus zu gehen, auch wenn er das sicherlich von zu Hause aus machen könnte."

Loslassen können ist für manche die größte **Herausforderung**, erzählte mir ein älterer Herr, der kurz vor der Übergabe steht:

„Die zentrale Herausforderung ist sicher das Loslassenkönnen, der Jugend die Chance zu geben und nur mehr am Rand mitzuhelfen."

Ein geeigneter Nachfolger ist vorhanden

Der Übergeber traut dem Nachfolger zu, die Firma erfolgreich weiterzuführen oder sogar auszubauen. Nur dann können Wachstum und Entwicklung des Unternehmens als persönlicher Erfolg des Übernehmers gesehen werden – der Übergeber ist weder beunruhigt noch neidisch, er freut sich über den Aufschwung wie ein Vater, dessen Sohn den Ball weiter werfen kann als er selbst:

„Ich will jemanden finden, der es später einmal genauso gut oder besser kann, der mein Lebenswerk erfolgreich weiterführt, da er mein Sohn, mein Fleisch und Blut ist und ich ihn erzogen habe. Meine Firma gebe ich nur die Hand von einem Vertrauten."

Manchmal geraten die Söhne ganz nach ihren Vätern. Das ist tendenziell für die Übergabe ein gewisser Vorteil, jedoch stets mit Vorsicht zu genießen, wie ich dir ja schon geschildert habe. Wie es gut funktionieren kann, hat mir ein junger Unternehmer erzählt:

„Eine Studiumswahl gab es in dem Sinne bei mir nicht. Für mich war immer klar, Jus zu studieren. Meine ältere Schwester hat das Studium nach zwei Semestern abgebrochen. Es war kein bewusst spürbarer Familiendruck da, auch wenn es sicher eine gewisse Erwartungshaltung in diese Richtung gab. Mein Vater war mein ‚Idol'. Und die Tätigkeit liegt und taugt mir. Vor allem kann man damit Geld verdienen. Meine Entscheidung hat meine Eltern natürlich gefreut. Infrage habe ich sie für mich noch nie gestellt."

Kinder – so die Aussagen vieler Interviewpartner – kann man nur erziehen, aber nicht in jeder Hinsicht auf einen Einstieg vorbereiten. Dazu ein Senior:

„Was man ein Kind lehren kann, sind Einstellung und Disziplin. Beide sind für das Leiten eines Unternehmens sehr wichtig."

Eine gewisse Vorbereitung ist sicherlich möglich und man sollte sich als Übergeber nicht auf einen speziellen Nachfolger kaprizieren. Manchmal sitzt genau neben dem Wunschkandidaten ein anderer, der viel besser geeignet ist. Wenn man genügend Zeit hat, kann man nach Talent, Fleiß, Engagement oder anderen Kriterien aussuchen. Ein junger Unternehmer bereitet sich jetzt bereits vor, dass er den Betrieb irgendwann einmal übergeben wird – obwohl seine Kinder noch sehr jung sind:

> *„Ich war erst kürzlich beim Wifi einen Test mit meinem Sohn machen, wo 100 Prozent Land- und Forstwirtschaft herausgekommen sind und erst an dritter Stelle etwas mit Metall. Das führe ich darauf zurück, dass wir seit Jahren immer vier Wochen Urlaub am Bauernhof machen. Wir haben uns einiges angeschaut. Wir haben uns aber aktuell entschieden, dass er vorläufig im Gymnasium bleibt, weil es uns noch zu wenig spezifisch ist, auch wenn er gar nicht leicht und gern lernt – im Gegensatz zu seinen beiden jüngeren Geschwistern. Der Zweite sagt, er will zu mir kommen. Der ist handwerklich und feinmotorisch sehr begabt. Er tut sich auch leichter in der Schule.“*

Es ist nicht immer sinnvoll, das Erbe dem ältesten Sohn zu geben, etwa wenn der das gar nicht will. Manchmal ist es auch besser, es überhaupt „außer Haus“ zu geben.

Auch die **Übergabe** an **mehrere Kinder** kann hier eine **schwierige Situation** herbeiführen:

> *„Ich traue meinen Kindern die Führung der Firma zu, ja. Sie sind beide ehrgeizig und tüchtig. Ein Fragezeichen bleibt immer, speziell dann, wenn es zwei Geschwister tun. Es ist leichter, wenn man ein Unternehmen allein führt. Wenn man zu zweit ist, ist das anders. Da muss man Kompromisse machen. Die Zwillinge (meine Kinder) sind sich nicht einig und deshalb auch ganz anders. Es wird also sicher interessant sein, wie das funktionieren kann. Das wird aber ihr Problem sein und nicht mehr meines, denn den Schiedsrichter spiele ich hier sicher nicht.“*

Der Nachfolger (Sohn, Tochter) muss bereit und in der Lage sein, den Betrieb zu übernehmen. Bei komplex aufgebauten Firmen bzw. manchen Branchen ist dies nicht so einfach, etwa in der Baubranche, wo entsprechendes Wissen und Können vorausgesetzt werden. Ein Übernehmer schilderte mir die Schwierigkeiten folgendermaßen:

„Man verlangt von den Übernehmern viel zu viel in so einem Übernehmensprozess in dieser Größenordnung. Bis zur Matura wäre all das zu viel. Mit 18, 19 Jahren sollst du dann eine Entscheidung treffen. Das ist immer noch viel zu viel. Dann studiert man halt mal zur Vorsicht in dem Bereich. Der nächste Knackpunkt sind die Übergabewilligkeit des Alten und die Frage des Jungen: ‚Wann will ich an der Spitze stehen?' Mir ist das egal. Ich habe Freude, wenn ich etwas übernehme."

Rechtzeitiges Aufbauen eines Nachfolgers

Dies ist ein zweischneidiges Schwert, denn in der Phase der notwendigen Ablösung von den Eltern entsteht oftmals Widerstand gegen die Übernahme. Häufig funktioniert es aber, wie in folgendem Beispiel, wo ein Übernehmer schildert, wie er von den Eltern aufgebaut wurde:

„Wir sind quasi auf eine Übergabe hin erzogen worden. Bei mir war es sowieso klar. Ich habe diesen Schritt nie in Frage gestellt. Ich habe die HAK gemacht und dann vier Semester BWL studiert, aber es nicht abgeschlossen, weil mich mein Vater im Betrieb brauchte. Ich war mit 25 Jahren nur kurz, drei Monate, bei der Länderbank tätig. Dann hat mein Vater gesagt: „Wenn du eh arbeiten gehst, kannst du das auch hier machen." So begann ich hier 1979 im Angestellten-Verhältnis und war für die Bereiche Kostenrechnung, EDV, Rechnungswesen zuständig."

Sich den Nachfolger langsam, aber stetig aufbauen – oft ohne dass dieser das merkt. Das Erfolgsrezept aus Sicht des Übernehmers:

„Kriterium des Einstiegs war damals witzigerweise der Führerschein, weil mein Vater sehr schlecht sah und ich ihn also herumchauffierte. Dabei lernte ich auch alle seine Geschäftspartner kennen und das war ein guter Einstieg. Ich bin sozusagen still und leise in seine Geschäftstätigkeit hineingerutscht, eigentlich ohne es zu wollen. Sollte mein Vater das mit Absicht gemacht haben, dann war er sehr clever, denn ich habe es lange nicht bemerkt."

Angebote an Söhne/Töchter bzw. Strategien, um Nachfolger aufzubauen

„Komm zu uns, verdien dir deine Sporen, dein eigenes Geld, die Firma gibt dir Starthilfe, auch wenn du später nicht hierbleibst" – so oder ähnlich können die

Angebote lauten, um einen potenziellen Nachfolger zu motivieren – in der Hoffnung, dass z.B. der Junior dann Appetit bekommt und bleibt.

Auch das Gegenteil ist möglich: „Geh weg und verdiene dir deine ersten Sporen woanders – wenn du dort gut bist, kannst du mit neuer Erfahrung und mit eigenen Ideen wieder kommen und einen Platz erhalten."

Eine Übergangsphase schaffen

Sie dient dazu, dass der Übernehmer alles lernt, was wichtig ist, um das Geschäft mit Erfolg weiterzuführen. Die Übergangsphase muss in der **richtigen Dimension** angesetzt werden – nicht zu lang und nicht zu kurz. Gemeinsam mit dem Übernehmer sind **Meilensteine** für den Ausstieg zu setzen. Der Junge muss das Erbe rechtzeitig antreten können („Prinz-Charles-Phänomen") und zugleich darf der Alte nicht mehr voll im Saft stehen, außer er schafft sich ein völlig neues Betätigungsfeld. Oftmals braucht der Junior noch die Unterstützung des Seniors. Eine zu späte Übergabe verhindert häufig die Chance, diese Unterstützung noch bieten zu können – etwa weil der Senior nicht mehr lebt. Eine Junior-Chefin berichtet, wie es geht, wenn der Vater plötzlich nicht mehr da ist:

> *„Wenn mein Vater noch im Unternehmen wäre, wäre sicher vieles anders. Für mich wäre es schön gewesen, auf ihn zurückzugreifen und seinen Rat zu nutzen. Bis mein Vater starb, hatte ich immer das Gefühl, da ist noch jemand, der mir den Rücken stärkt, obwohl er nicht wirklich viel da war. Das ist schwierig, wenn man plötzlich keinen Schutzschild mehr hat."*

Die Härte, die viele Übergeber spüren, muss entsprechend abgemildert werden, idealerweise durch eine **mentale Vorbereitung** auf den Prozess und die Zeit danach:

> *„Der Übergeber muss bereit sein zur Übergabe und wissen, was das heißt. Denn in letzter Konsequenz ist dann alles weg: Er hat kein Firmenauto mehr, keinen Schlüssel etc. Dann ist dieses Kapitel abgeschlossen. Er ist dann plötzlich nur noch Pensionist und kein Unternehmer mehr. Das ist die ganze Härte einer Übergabe."*

Die Übergabe muss ein Abschied sein, eine Trennung, eine Abtrennung, die durchaus einer Amputation gleicht, mit dem Unterschied, dass der Senior weiterlebt und geschätzt wird. Ein Senior berichtet, der gerade mitten im Übergabeprozess steht:

„Loslassen findet nur im Kopf statt. Ich sage mir, dass das, was ich gemacht und aufgebaut habe, etwas Schönes war für 20 Jahre. Ich kann es aber nicht mitnehmen, so wie ich auch anderes nicht mitnehmen kann – unter die Erde. Aber es gibt ja auch den finanziellen Aspekt: Ich möchte mein Unternehmen so übergeben, dass ich nach der Übergabe keine finanziellen Forderungen (an meine Kinder) stellen muss. Ich möchte nicht, dass meine Nachkommen meinen Lebensabend sichern müssen (im Sinne einer Rente). Das meint nicht nur das Inhaltliche, sondern auch das, was mit dem Unternehmen (wirtschaftlich) passiert, muss mir ‚wurscht' sein. Ich habe im Freundeskreis erlebt, dass Übergeber ein Unternehmen von ihren Kindern wieder zurückgekauft haben, weil es einfach nicht funktioniert hat. Das möchte ich auf keinen Fall!"

Richtiger Zeitpunkt der Übergabe

Ein oftmals guter Zeitpunkt für die Übergabe ist das Erreichen des Pensionsantrittsalters. Hier empfehlen Steuerberater gelegentlich eine Übergabe, da man so etwa Förderungen ausnützen kann. Der Tag der Übergabe hat großen **symbolischen Wert** und ist oft mit dem Gefühl des Verlusts verbunden. Wenn es entsprechende **Kompensationsmöglichkeiten** gibt, fällt der Schritt leichter, meint ein Übergeber:

„Wir haben die Übergabe mit einem großen Fest und im Beisein all unserer Mitarbeiter, Trainer und Kunden hier im Haus gefeiert. Aber am Tag danach hatte ich dann einen Kloß in meinem Hals. Und so kamen mir Bilder, was mir noch Spaß machen kann. Das war der Anfang von meinem neuen Projekt, für das ich mich jetzt sehr einsetze und das mich ausfüllt."

Eine saubere Rollenklärung

In welcher Funktion bleibt der Übergeber in der Firma und bis wann? Diese Frage steht im Zentrum eines der schwierigsten Prozesse im Rahmen einer Betriebesübergabe.

Die eigene Person muss von der Firma getrennt werden – oft fällt gerade das schwer, nämlich auf die geliebten Rollen, auf die eigene Wichtigkeit im Unternehmen zu verzichten, wie ein Senior anmerkt:

„Das Vertrauen ins Unternehmen soll erhalten bleiben. Ich war die letzten Jahre immer die ‚Galionsfigur' nach außen. Bei manchen Kunden geht das nicht, dass ich andere vorschiebe. Im Beratungsgeschäft ist eine Dienstleistung eng mit einer Person verbunden. Aber das ändert sich kontinuierlich. In unserer Branche gehören wir mit 24 Mitarbeitern zu den Größeren, und unsere Kunden müssen akzeptieren, dass das Geschäft nicht mehr an einer Person hängen kann. Was es leichter macht: Etliche Kunden, die ich lange betreut habe, sind ja auch schon in Pension."

Der Gründer hat oft patriarchalische Züge, die von seinen Kindern als dominant wahrgenommen werden:

„Wir haben das super gemacht – die ganze Moderation der beiden Tage. Doch nach meinem Schlusswort hat sich mein Vater dann eingeschaltet und noch etwas ergänzt. So hatte er dann das letzte Wort. Das war mir erst gar nicht recht. Doch dann ging ich in mich und ich habe mir gesagt: ‚Er ist der Boss.' Also soll es so sein. Somit verflog mein Zorn schnell wieder."

Vonseiten des Vaters hört sich das etwas anders an:

„Ich sehe mich zurzeit mehr als ‚Aufsichtsrat', der auch mitarbeitet und eigene Projekte hat, manche Kundenkontakte selbstständig wahrnimmt etc. Die Übersiedlung war so schön (in dieser neuen Rolle), ich konnte alles delegieren und war doch immer über alles informiert. Ich könnte ja auch jetzt schon ganz aufhören. Aber das möchte ich nicht. Erstens, weil ich noch selbst bestimmen will, und weil ich zweitens bewusst selbst aussteigen will. Darum ist es aus meiner Sicht ein ‚Aussteigen' auf Raten. Aktuell arbeite ich vier Tage die Woche und möchte noch bis 65 im Unternehmen tätig sein. Wobei ich vorhabe, es immer weniger werden zu lassen. Vielleicht wird die Übergabe dann eine Zäsur sein, wenn ich plötzlich gar nichts mehr mache oder nur noch zwei Tage pro Woche zur Verfügung stehe."

Gerade an diesem Zitat merkt man, dass die Übergabe ein geistiger Prozess ist, auf dessen Trägheitsmoment zu achten ist. Wenn der Vater noch zwei Tage zur Verfügung steht, dann ist die angesprochene Zäsur eben noch nicht passiert, sondern seine Beteiligung hat sich nur in eine eher passive verwandelt. Er ist immer noch im Betrieb. Das Verführerische an diesem Modell ist in folgender Aussage erkennbar, die eine Gastwirtstochter erzählt:

„Sehr wichtig ist mein Vater noch als Ansprechpartner für die Gäste, selbst wenn er schon übergeben hat. Veränderungen sind für Stammgäste tödlich –

manchmal sogar wortwörtlich. Wichtig ist aber auch, dass der Alte dem Jungen nicht auf den Nerv geht – und umgekehrt auch. Die gute Mischung ist wichtig für einen guten Übergabeprozess.“

Die „Alten“ sind ja meist noch gut einsetzbar – in den unterschiedlichsten Rollen. Wenn nun beide, Alte und Junge, sich für einen teilweisen Verbleib der Alten entscheiden, dann ist das immer zugleich gut und schlecht.

> **TIPP 22:** Das genaue Ausdiskutieren der Rollen mit all ihren Konsequenzen ist besonders wichtig. Dies erfolgt im Idealfall in einer Art Familienrat und sollte von einem externen Berater besonders kritisch hinterfragt werden: Wie sieht das in der täglichen Praxis aus, gibt es ein Ausstiegsszenario oder ist die Beteiligung, der Verbleib auf ewig ausgelegt etc.?

Der Grad der Involviertheit muss je nach Gegebenheit entschieden werden. Hier ein Beispiel, bei dem der Senior beschreibt, wie es gehen kann. Er versteht sich als Sittenwächter, Träger der Unternehmenskultur und berät in vielen Belangen. Wenn man das folgende Zitat liest, wird aber auch klar, dass er noch sehr stark in das Unternehmen involviert ist:

„Ich bin ja nach wie vor Aufsichtsratspräsident, das gibt mir viele Rechte. Nur ich darf Dinge hinterfragen. In der Praxis habe ich die Firma, wie sie heute ist, aufgebaut und zu einem Mittelbetrieb gemacht. Das habe ich immerhin 45 Jahre lang gemacht. Deshalb bin ich nach wie vor irgendwie das ‚Autoritätsungeheuer'. Doch ich bin sehr gerecht. Entscheidungen trifft der Vorstand. In einem Betrieb wie diesem ist Disziplin angesagt. Ich berate bei allen Fragen des Unternehmens den Vorstand. Wen haben die Jungen sonst als Gesprächspartner? Auch bin ich zufällig einer, der viele Visionen hat, viele Strategien und Gedanken in Bezug auf die unternehmerische Zukunft. Ich habe auch einen besonderen Zugang zu Architektur, Design, Ästhetik. Irgendwie bin ich Sittenwächter, was Qualität und Kultur des Unternehmens betrifft. Produkt, Gestaltung, Marketingfragen und Vertriebsstrategien sind auch sehr stark meines, weil ich hier einer der Letzten bin, die aus einem Überblick heraus handeln und entscheiden können. Das hat zu tun mit der Zusammenschau von Vertrieb – Marketing – Technik. Deshalb berate ich in diesen Punkten sehr gern.“

Ein Erfolgsbeispiel:

„Die Übergabe fand im November 1987 statt. Da ist unser Vater 60 Jahre alt geworden. Ein paar Monate vorher hat er uns gesagt: ‚So, ich gehe jetzt in Pension und ihr übernehmt den Betrieb.' Am 30.11.1987 (sein Geburtstag) war sein letzter Arbeitstag. Einen Tag später war er draußen. Er ist natürlich für uns da, wenn wir ihn brauchen. Danach war er noch in Interessenvertretungen tätig und er engagiert sich auch regional sehr stark, bis 1996 als Obmann. Er hatte damals also schon noch zu tun. Bis heute steht er uns für Ratschläge zur Verfügung. Er vertritt die Firma auch weiterhin nach außen, wenn wir mal verhindert sind."

Ein langsamer, aber stetiger Rückzug

Der Übergeber kann noch eine Zeit lang die weitere Entwicklung beobachten und in einem vereinbarten Rahmen unterstützen, etwa als externer Berater oder in kleinen Aufgabenbereichen. Ein Übergeber kann Veränderungen dann zustimmen, wenn er sieht, dass das Aufgebaute weiterhin erfolgreich ist und gut weitergeht. Dabei ist es hilfreich, Feedback bei Kunden einzuholen. Hier ein Beispiel für einen erfolgreichen Prozess aus der Sicht des Sohnes und Übernehmers:

„Die Übergabe ging von meinem Vater aus. Sie war eine logische Konsequenz und langfristig geplant. Den Zeitpunkt hat er gewählt. Wir haben dafür ungefähr ein halbes Jahr gebraucht und Steuerberater, Anwälte, Notare hinzugezogen. Unser Eltern-Kind-Verhältnis wie Geschwisterverhältnis war und ist gut. Nach dem Zeitpunkt der Übergabe gab es lediglich eine Aufgabenverschiebung. Früher war mein Vater der Geschäftsführer und wir (mein Bruder und ich) haben im Betrieb mitgearbeitet. Dann war es umgekehrt. Das ist bis heute so. Mein Vater ist seit der Übergabe nicht mehr operativ im Betrieb, sondern nur noch strategisch und beratend tätig. Und darüber bin ich sehr froh."

Nach einiger Zeit muss sich der Übergeber ganz aus dem Betrieb zurückziehen, damit eine Übergabe funktionieren kann. Übergeben heißt „etwas aus der Hand geben". Nur wenn das der Fall ist, kann die Übergabe ganz gelingen, wie ein Vater berichtet:

„Ich glaube, es ist wichtig, dass eine endgültige Übergabe stattfindet und man wirklich loslassen kann. Was dann passiert, ist mir vollkommen egal.

Jetzt greife ich ja noch ein und habe das letzte Wort im Falle des Falles. Wenn das nicht mehr so ist, muss ich mich fragen, ob es dann noch sinnvoll ist, weiterhin zur Verfügung zu stehen."

Oft entsteht schon durch die reine Anwesenheit ein gewisser Druck auf die Übernehmer. Im folgenden Zitat führt ein Übergeber und Vater aus, dass es in der Verantwortung der Väter liegt, sich aus den Geschäften der Kinder irgendwann zurückzuziehen, denn es wäre für diese schwer, den „Alten" sozusagen rauszuschmeißen:

„Ich könnte selbst nicht unter Druck arbeiten und ich würde mir denken, es schaut mir andauernd jemand über die Schulter. Als Kind traut man sich vielleicht nicht zu sagen „Bitte verlass den Betrieb" – aber das ist aus unserer Sicht einfach notwendig. Solange ein Übergeber über die Schulter schaut, ist es immer seine Entscheidung. Und das engt die Kinder ein."

Ein durchaus anstrebenswertes Ziel hat genau dieser Übergeber formuliert und ich kann so eine Einstellung nur weiterempfehlen:

„Unser Ziel ist eine Übergabe so in fünf Jahren. Wenn die Kinder bereit sind, wird es eine harmonische Übergabe werden. Wir sind der Meinung, dass es entweder vernünftig abläuft oder wir verkaufen. Man kann die Kinder zwar lenken und leiten, aber die Entscheidung muss jeder für sich treffen."

Die Gründung eines Familienrats

Es ist wünschenswert und von Vorteil, alles im Familienrat zu diskutieren. Die meisten Familienunternehmen, bei denen es so etwas gibt, habe ich als erfolgreich erlebt. Es ist ein Zeichen dafür, dass dort intensiv und offen miteinander geredet wird.

TIPP 23: Versuche, die Familie zur Gründung eines Familienrats zu bewegen. Die meisten Tipps beinhalten, miteinander zu reden. Dafür ist die geeignete Plattform notwendig, die auch eine entsprechende symbolische Verankerung braucht. Man muss den Familienrat nicht so nennen, aber er sollte regelmäßig zusammenkommen. Die Personen, die daran teilnehmen, müssen sorgfältig ausgewählt sein und es darf niemand ausgeschlossen werden. Wenn dies doch der Fall ist und du das merkst, solltest du darauf hinweisen und im schlimmsten Fall dein eigenes Engagement von der Klärung dieser Frage abhängig machen. Es gilt hier das gleiche Prinzip wie im Konfliktmanagement: Wenn wichtige Beteiligte nicht dabei sind, kann man alles vergessen, ein brauchbares Ergebnis wird unmöglich.

Dazu ist eine gut funktionierende Kommunikation innerhalb der Familie notwendig und hilfreich, wie mir ein Übergeber geschildert hat:

> *„Was uns sicherlich geholfen hat, ist, dass wir ein wirklich gutes Familienverhältnis haben. Eine unserer Grundregeln ist: Wenn wir privat beisammen sind, wird übers Geschäft nicht gesprochen."*

Übergabe in einem Stück

Das Erbe muss als Ganzes übergeben werden – der Übernehmer muss sicher sein können, dass nicht irgendwann die Brüder (oder Schwägerinnen) kommen. Ein junger Übernehmer schildert die Problematik kurz und bündig:

> *„Der Weinbau samt Buschenschank ernährt nicht so viele Leute – wenn wir hier etwas rausschneiden, lohnt sich alles nicht mehr!"*

Das Unternehmen muss ganz in die Hände des Übernehmers gelegt werden – auch das ist ein wichtiger Punkt. Es gehört dann ihm und er kann damit tun, was er will. Hier tauchen oft Widersprüche auf: Wenn der Vater will, dass der Sohn das Unternehmen in seinem Sinne oder auch überhaupt weiterführt, dann muss dieser es auch eine gewisse Zeit tun – zugleich muss er aber auch die Möglichkeit haben, das Unternehmen nach einiger Zeit zu verkaufen, etwa wenn er einen anderen Lebensweg einschlagen will. So berichtet ein junger Übernehmer:

> *„Ich lebe gut von dem, was Vater aufgebaut hat. Jetzt macht es mir Spaß, aber es muss mir auch erlaubt sein, das Unternehmen in zehn Jahren zu verkaufen. Ich will nicht die Verpflichtung für die Altersvorsorge meiner Eltern tragen."*

Wenn der Übergeber nicht mehr von den Erfolgen der Firma abhängig ist, so erleichtert das die Übergabe.

Hinzuziehen von geeigneten Experten

Die rechtliche Absicherung beim **Notar** und eine realistische Einschätzung der tatsächlichen Werte sind dringend notwendig. Idealerweise holt man sich externe Unterstützung, da man intern häufig betriebsblind ist. („Mein Haus ist von großem Wert" – auch wenn es schon mit drei Hypotheken belastet ist.) Sehr oft wird in Familienbetrieben anders vorgegangen („Es ist allen klar, dass ich einmal übernehme.") Rechtsanwälte, Finanzberater – je nach Größe und Art des Unternehmens braucht man unterschiedliche Experten. Hier gibt es auch diverse offizielle Stellen, die – manchmal sogar kostenlos – entsprechende Fachleute zur Verfügung stellen.

Oft kann ein externer Berater helfen und sozusagen eine „Objektivierungsgeschichte" einschieben. Zwei Jungunternehmer schildern die Vorteile:

> *„Dass uns die Bank die beiden Berater aufs Auge gedrückt hat, ist okay, mein Vater glaubt, wenn überhaupt, nur einem Externen."*

> *„Investitionen waren dringend notwendig und ich fand, wir sollten auf ein Franchise-Modell umsteigen, das zeigte auch eine Kammerstudie, die von Roland Berger gemacht wurde. Das hat dazu beigetragen, meinen Vater zu überzeugen. Franchise nimmt Ware zurück, die nicht verkauft wird. Der Vater hat weniger Widerstand geleistet und eingesehen, dass ich es auch allein kann."*

TIPP 24: Wenn du einen Berater hinzuziehst, dann muss im Vorfeld geklärt werden, dass es nicht seine Aufgabe ist, die Probleme der Übergeber oder Übernehmer zu lösen. Er kann aber Werkzeuge zur Verfügung stellen und erklären, welche Werkzeuge zu welcher Zeit die jeweils passenden sind. Eine Liste der Werkzeuge findest du weiter hinten in diesem Buch. So kannst du überprüfen, ob der Berater gut ist. Es gehört auch zu seinen Aufgaben, die geeigneten öffentlichen Stellen zu nennen und Tipps zu geben, wohin man sich wenden kann. Bitte sei aber vorsichtig – meine Ausführungen und Checklisten ersetzen keinen Berater. Das ist ein Job, der eine spezielle Ausbildung verlangt, das kann nicht jeder einfach machen – auch du nicht!

Eine gute Vorbereitung der Übergabe

In welchem Zustand wird der Betrieb übergeben? Sind alle privaten und organisatorischen Schwierigkeiten aus dem Weg geräumt und auf welcher Basis übernimmt der Nachfolger? Übernimmt er einen florierenden Betrieb oder einen Haufen Schulden? Ungeachtet der Lage ist hier Transparenz sehr wertvoll und sollte unbedingt angestrebt werden, wie auch ein Übernehmer schildert:

„Mein Vater hat mich als den Jüngsten zum Nachfolger bestimmt. Ich wollte das auch. Ich sollte keine Schulden mitbekommen, d.h., der Ausgleich kam aus dem Privatvermögen der Eltern. Hier gibt es noch ein paar offene Rechnungen, weil zu wenig Transparenz zwischen den Geschwistern besteht – alle anderen fühlen sich benachteiligt."

Ein gesundes Unternehmen übergeben

Investieren, um einen gesunden Betrieb zu übergeben, keine „abgewirtschaftete Bude" – das ist ein wichtiger Ratschlag für Übergeber. So kann man auch mit mehr Stolz übergeben. Im Idealfall steht das Unternehmen wirtschaftlich gut da. Wenn es genug für jeden gibt, ist das Risiko des Streits deutlich geringer („There´s plenty for everybody"). Ein leidgeprüfter Senior berichtet aus eigener Erfahrung:

„Doch das Ganze ist kein Thema, wenn es einem Unternehmen gut geht. Erst wenn es einem Unternehmen schlecht geht, beginnen Neid und Schuldzuweisungen. Meiner Meinung nach hat eine Übergabe bessere Chancen, wenn die Zukunft des Unternehmens gesichert ist."

Besonders vorsichtig muss man hier sein, wenn der Verdacht aufkommt, dass der Übergeber gar nicht daran interessiert ist, dass sein Betrieb erfolgreich weitergeführt wird. Dies ist meist ein unbewusster Vorgang, der nur an den Auswirkungen erkannt werden kann. Ich habe das in meinem langen Leben öfter gesehen, dass sture alte Böcke (ich bin ja auch so einer) genügend Geld haben, jedoch in den letzten Jahren vor der Übergabe nicht mehr investieren. Sie lassen die Firma parallel zu sich selbst sozusagen „vertrocknen". Was dann übergeben werden kann, ist oft nicht mehr zu retten. Es gibt viele Gründe und Ursachen, die hinter so einer Vorgehensweise stecken und nicht immer ist es möglich und sinnvoll, sie aufzurollen.

TIPP 25: Du solltest die Finger von einem Betrieb lassen, wenn du rechtzeitig erkennst, dass hier eine Art „hidden agenda" vorhanden ist. Wenn du die notwendigen Informationen erst später bekommst, solltest du aus so einem Übernahmeprojekt aussteigen, denn meist ist es nicht gut, die Hintergründe aufzudecken. Du kannst den Betroffenen ja im bilateralen Gespräch einige Erkenntnisse mitteilen und die Lage klären.

Eine gute Strategie habe ich in der Landwirtschaft gefunden: Wenn man davon ausgeht, dass man Land gar nicht wirklich besitzen kann, sondern nur sozusagen **von seinen Erben geborgt** hat, um es zu bestellen und davon zu leben, dann ist das Vererben, das Loslassen viel leichter. Man hat vom Land gelebt und nun lässt man andere davon leben. Dann geht es auch nicht um Gewinnmaximierung, sondern um Optimierung der Ressourcen, weil man ja langfristig denken muss: Ich darf das Land nicht ausbeuten, weil dann mein späteres Ich (meine Söhne, Enkeltöchter etc.) nicht mehr davon leben könnte.

Offenheit und Transparenz in Bezug auf finanzielle Dinge

Dies ist in der Aufzählung zwar der letzte, sicher aber nicht der unwichtigste Punkt. Ganz abgesehen davon, dass nicht immer alle Beteiligten mit offenen Karten spielen, dreht es sich letztlich oft doch nur ums Geld.

TIPP 26: Wenn man es schafft, dass beide Seiten offen über Geld reden, ist schon viel erreicht. Das ist bei vielen Übergaben ein guter Indikator, wie weit man schon gekommen ist – in positiver oder negativer Hinsicht.

DER ÜBERNEHMER

Die Motive der Übernehmer

- Der Sohn/die Tochter ist seit der Kindheit in den Betrieb hineingewachsen.
- Der Sohn/die Tochter ist in einer Notsituation (wirtschaftlich oder durch Tod des Seniors) gerufen, um die Familie (= den Betrieb) zu unterstützen.
- Der Sohn/die Tochter ist erfolgreich als Angestellter und sucht eine neue Herausforderung/Lebensaufgabe als Unternehmer.
- Der Übernehmer will beweisen, dass er das Unternehmen auch allein führen kann (Vertrauen, Zutrauen seitens des Übergebers). Er möchte eine Chance, sein Können zu zeigen, und will, dass dies auch vom Übergeber respektiert wird.

Kriterien, die eine erfolgreiche Übernahme verhindern oder erschweren

Ich habe dir hier nur die speziellen Faktoren aufgezählt, die seitens des Übernehmers gelten. Alle anderen, die vom Übergeber ausgehen, sind ja schon erläutert worden.

Alt-Neu-Problematik

Das Alte will unbedingt erneuert/verändert werden – das liegt in der Natur der Sache. Aber viele junge Unternehmer sind gescheitert, weil sie alles radikal umkrempeln wollten. Das richtige Maß ist wichtig. Ein junger Unternehmer schildert seine Versuche:

„Dass Junge alles ändern, stimmt nur bedingt. Es gab bei uns immer eine hohe Qualität, das Problem liegt heute darin, dass ich meinem Vater erklären muss, warum wir so teuer produzieren. Aber wenn BMW den Stand der Technik halten will, müssen die auch teurer produzieren. Mein Vater lebt halt von vergangenen Erfolgen und ich muss mir meine eigenen Lorbeeren verdienen und daher eigene Dinge entwickeln. Heute ist die Konkurrenz größer und man muss schauen, dass man dranbleibt."

„Bock-Sprung-Strategie" zwischen Senior und Junior

Wenn die Aufgabengebiete bzw. Rollen unklar verteilt sind, führt das zu einem Loyalitätskonflikt bei den Mitarbeitern, aber auch zu Schwierigkeiten in den Kundenbeziehungen.

„Schwammigkeit" in allen Belangen

Entscheidungen werden verschoben oder gar nicht getroffen, die offizielle und die inoffizielle Hierarchie kommen einander ständig in die Quere, Erbschaftsstreitereien behindern das Tagesgeschäft etc. Dies ist bei einem unsauberen Übergabeprozess oft nicht nur Schuld des Übergebers, sondern auch des Übernehmers, der z.B. nicht auf einer Dokumentation der mündlichen Vereinbarungen bestanden hat. Auch die Eigentumsverhältnisse müssen geklärt werden. Wenn einem „nichts gehört", schwächt das die Motivation.

TIPP 27: Versuche stets, die Geschichte der Eigentumsverhältnisse aufzudecken. Du solltest sie kennen, um die möglicherweise daraus entstehenden Fallen zu entdecken.

Die Strategie für die Weiterführung bzw. Erneuerung des Betriebes fehlt

... und somit die eigene Herausforderung. Dies ist vor allem dann der Fall, wenn der Junior nach einem Unfall oder Krankheit bzw. Tod des Vaters einspringen muss und noch nicht so weit ist. Hier sollte man auf jeden Fall auf die Hilfe eines guten Beraters zurückgreifen.

„Familienkrieg"

Die meisten Familienkriege, die ich erlebt habe, fanden wegen banaler „Kleinigkeiten" statt, die aber emotional hoch brisant waren. Auch hier gibt es immer zwei Seiten und es liegt meist nicht nur am Übergeber. In diesem Fall sollte unbedingt ein externer Berater hinzugezogen werden, der entsprechende Kenntnisse in Konfliktmanagement bzw. Mediation hat.

Neid innerhalb der Verwandtschaft

Dieses Problem lässt sich von außen nur schwer steuern. Hier kannst du maximal auf die Verstrickungen zwischen Familien- und Organisationssystem hinweisen und auf die Kräfte, die hier walten.

Übernehmer will nicht die Verpflichtung (= Last) der „Altersvorsorge" für die Eltern tragen

Als Kind hat er eine gewisse Verpflichtung, als Übernehmer prinzipiell nicht, es sei denn, es gibt eine entsprechende vertragliche Regelung, etwa in Bezug auf eine Leibrente. Hier gilt es auseinanderzuhalten, wie weit die Regelungen gehen, d.h., ob sie eine zusätzliche Abhängigkeit bzw. Bindung schaffen.

Fehlende Motivation

Die Kinder kennen den Betrieb seit ihrer Kindheit und haben keine guten Erinnerungen an die anstrengende Zeit, in der sie im Betrieb aushelfen mussten, während ihre Freunde im Schwimmbad waren. Dies betrifft natürlich in erster Linie die Gastronomie und die Landwirtschaft. Eine Wirtin berichtet:

> *„Die Kinder verbinden eben eine schwere Zeit mit dem Heurigen und sehen nicht, dass er auch ihnen die Existenz gesichert hat!"*

Die Aussagen der Tochter ergänzen das Bild:

> *„Sie ist immer beleidigt, wenn wir uns über unsere Kindheit aufregen, dabei haben wir ja geschuftet und wir könnten uns eigentlich aufregen! Alle sagen immer, wie toll meine Mutter das aufgezogen hat, aber keiner bedankt sich*

bei uns, obwohl wir wirklich viel beigetragen haben. Als seinerzeit die Firma meines Vaters in Schwierigkeiten war, sagte meine Mutter: ‚Was haltet ihr von einem Heurigen? Wollt ihr?' Wir wollten gezwungenermaßen, weil wir wussten, dass kein Geld da war, und waren daher einverstanden. Anfänglich waren wir dann sogar begeistert, denn wir konnten der Mutter helfen. In der ersten Saison hatten wir sieben bis acht Wochen ohne Ruhetag offen und ich habe jeden Tag serviert. Nach einem Jahr war jegliche Euphorie verflogen. Es gab aber auch Geld und Trinkgeld und davon konnte ich mir viele Wünsche erfüllen, das war schon sehr angenehm. Als ich 22 Jahre war, wollte die Mutter, dass ich später einmal übernehme. Ich habe aber gerade studiert und wollte nicht, die Mutter hat mich zwei Saisonen lang gequält und dann hat sie es aufgegeben. Dann wurde jahrelang nicht mehr darüber geredet und vor vier Jahren kam das Thema wieder."

Fehlende Loyalität

Hier sind wir bei einem sehr kritischen Punkt angelangt. Mit der Übernahme einer Firma erwirbt sich der Übernehmer Rechte, aber auch Pflichten. Er muss einerseits dem Senior gegenüber loyal sein, andererseits seine Firma nach bestem Wissen und Gewissen weiterführen. Zugleich muss er die Ideen, die Vision, die Wege des „Alten" verraten, um eigene gehen zu können. Wenn der Übernehmer die Firma bekommt, dann gehört sie ihm und er kann damit tun und lassen, was er will. Wenn der Übernehmer die Firma bekommt, dann hat er Verpflichtungen gegenüber dem Senior und auch gegenüber der Firma. Er kann also nicht tun und lassen, was er will. Dieser Widerspruch ist manchmal schwer zu bewältigen.

TIPP 28: Versuche dir über deine eigenen Loyalitäten als Übernehmerin klar zu werden, und zwar bis ins Detail. Auf der anderen Seite sollte auch die vom Übergeber verlangte Loyalität genau erörtert werden. Danach bringe beide zusammen und vergleiche, wer was vom jeweils anderen verlangt. Hier können oft Schwachstellen im Übergabeplan gefunden werden, noch bevor sie später großen Schaden anrichten.

Kriterien, die eine erfolgreiche Übernahme ermöglichen bzw. sie unterstützen

Liebe Enkelin, ich werde in diesem Kapitel vor allem meine Interviewpartner sprechen lassen. Sie besitzen eine Menge an Wissen und Erfahrung und können die wichtigen Kriterien oft viel besser ausdrücken und auf den Punkt bringen. Du wirst einen guten Überblick über die Kräfte, aber auch die Risiken bekommen, wenn du die Zitate sorgsam liest.

Das Streben nach Selbstständigkeit

Die eigene Motivation, etwas auf die Beine zu stellen, ist unabdingbar. Im folgenden Zitat wird dies sehr deutlich – und auch, dass eine gewisse Planung der eigenen Karriere hilfreich ist (was uns dann gleich zum nächsten Punkt führt):

> *„Meine Motivation für Selbstständigkeit beruht auf meiner Unzufriedenheit als Unselbstständiger. Ich möchte selber was auf die Beine stellen. Ich habe viel gesehen, was nicht funktioniert. Ich würde manches anders machen und das möchte ich jetzt ausprobieren. Ich traue mir einen Unternehmenskauf zu, denn ich kenne mich mit Zahlen aus und mit Insolvenzverfahren, habe viele Erfolgsstorys gelesen und vermute, dass jetzt die Zeit reif ist. Mein Traum von der Selbstständigkeit ist sicher bereits 15 Jahre alt. Mein Vater hat es nicht getan in seinem Leben. Kritische Erfolgsfaktoren sind für mich: der Wille von beiden Seiten, die Übergabe reibungslos zu gestalten; ein partnerschaftliches Verhältnis zum Übergeber; die Finanzierung muss gesichert sein; ein fertiger Ablaufplan für die nächsten drei Jahre liegt vor."*

Ein durchdachter Plan

Die Wirtschaftskammer oder auch Beraterfirmen bieten Unterstützung bei der Erstellung eines Business-Plans bzw. bei der Umsetzung desselben. In vielen Unternehmen wird jedoch fast völlig planlos vorgegangen, denn auch hier überwiegen die Familienstrukturen. In einer Familie braucht man keinen Business-Plan und somit glaubt man, auch in einem Familienunternehmen keinen zu brauchen. Es gibt natürlich löbliche Ausnahmen, wie ein Übernehmer mir geschildert hat:

„Die Übergabe habe ich in drei Phasen eingeteilt. 1. Phase: Ich bilde mich weiter. 2. Phase: Ich arbeite gemeinsam mit dem Vater im Betrieb; das wird die schwierigste Phase sein, in der ich den Vater noch als Berater brauche. 3. Phase: Keiner meiner Familienmitglieder ist mehr ins Unternehmen eingebunden und die Eltern arbeiten als Angestellte, so sie es wollen und was ich mir wünschen würde."

Sehr wichtig ist es auch, bereits möglichst konkrete Vorstellungen von den notwendigen oder erwünschten Veränderungen zu haben. So fällt die Planung leichter, der Übergeber erfährt rechtzeitig, was mit seinem Unternehmen geschehen soll und es tauchen Spielräume für Verhandlungen auf:

„Das Ziel muss sein, die Firma zum Marktleader in Österreich zu machen. Mir wird das sehr leicht fallen, weil ich schon heute mit vielen Kollegen per Du bin. Und dann könnte ich die alle ins Unternehmen holen mit dem Ziel, ein ‚Dreamteam' in unserer Branche aufzustellen. Es gibt ja ein paar Leute, mit denen ich gern zusammenarbeiten würde und von denen ich schon jetzt weiß, dass sie es auch mit mir würden. Ich sammle gern Menschen mit ähnlicher Einstellung um mich. Ich weiß, wie wichtig motivierte Mitarbeiter für mein Team/Unternehmen sind. Wenn ein Mitarbeiter nicht zu uns passt, bin ich gnadenlos und trenne mich von ihm wieder sehr rasch. Ich bin sehr teamorientiert. Ich möchte, dass sich alle meine Mitarbeiter für die Perspektiven und Ziele des Unternehmens einsetzen und dass die Arbeit ein Miteinander ist und ein sich gegenseitiges Unterstützen."

Noch besser sind konkrete Vorstellungen über den Übergabe-/Übernahmeprozess. Auch diese können mit dem Alten diskutiert werden und ersparen allen Beteiligten unangenehme Überraschungen, erzählt obiger Übernehmer:

„Eine Übergabe bedarf einer guten Vorbereitung. Es ist wichtig, sich mit dem Senior zu beschäftigen, damit er alles erklären kann. Entweder man arbeitet ohnehin schon mit oder man stellt nach der Übergabe die Themenblöcke zusammen und geht diese dann gemeinsam durch. Ich würde meinen Vater fragen: Was war dir bislang wichtig? Dann geht man ins Unternehmen rein, trommelt alle Mitarbeiter zusammen und sagt ihnen: So war es bisher und es wird so weiter gehen wie bisher (Veränderungen verunsichern). Ich möchte, dass sich alle wohlfühlen. Ich möchte, dass wir den Schritt der Veränderung gemeinsam gehen. Ich möchte Teams bilden und alle in diese Überlegungen (der Neugestaltung) mit einbeziehen. Ich

möchte alle dort abholen, wo sie sind. Eine ‚Schock-Phase' wird und soll es nicht geben!"

Die Vision

Der Übergeber sollte eine Vision haben, die vom Übernehmer akzeptiert wird oder nicht. Der Übernehmer braucht eine Basis, auf der er entscheiden kann, ob er das Unternehmen führen will oder nicht:

„Ich würde als Übernehmer erst dann einsteigen, wenn der Übergeber eine Vision vorlegt. Dann stelle ich mir die Frage: ‚Was reizt mich dran?'

Natürlich ist es genauso wichtig, dass der Übernehmer eine eigene Vision hat. Diese existiert aber oft in einer Art luftleerem Raum, erst die Gegenüberstellung mit der „alten" Vision des Übergebers liefert eine handfeste Basis für die Vision, die ja keine Utopie sein sollte, sondern auf der Realität aufbauen muss.

> **TIPP 29:** Verzichte nicht auf die notwendige Visionsarbeit. Hier ist externe Beratung oft sehr hilfreich, weil sie extreme Vorstellungen relativieren hilft. Bei der Visionsarbeit gibt es zwischen Alt und Jung häufig Konflikte, auch hier kann ein mediatives Verfahren gute Hilfe leisten. Visionen geben oft die notwendige Kraft, um auch härtere Zeiten zu überstehen, bzw. sie sind die Basis für die unbedingt notwendige Strategiearbeit.

Die Vorbereitung des Übernehmers

Es gibt unterschiedliche Formen, wie ein Übernehmer, ein Betriebsnachfolger, ein Sohn, eine Tochter in das Unternehmen einsteigen können. Im Idealfall besitzen sie eine entsprechende Ausbildung, dann jedoch gehen die Meinungen auseinander: im eigenen Betrieb lernen, in die Fremde ziehen, in großen Unternehmen lernen oder in kleinen, im Ausland oder doch besser im eigenen Land etc. Ich habe die verschiedenen Wege so nachgezeichnet, wie sie mir von vielen Unternehmerinnen und Unternehmern geschildert wurden.

Variante 1: Der Übernehmer muss sich vor einer Übernahme in einem eigenständigen Geschäftsfeld **„beweisen"** und sich **anderorts** seine **„Sporen"**

verdienen, um sich dann (erst) **bewusst** für die Übernahme **entscheiden** zu können. Das ist eine Entscheidung in Richtung „Ja, ich will". Sie ist gekoppelt an Engagement und Tatendrang. Eine Übernehmerin schildert die Einstellung ihres Vaters und was sie bei ihr bewirkt hat:

„Mein Vater hat uns nie gezwungen, dass wir seinen Lebenstraum weiterführen. Ich habe aber für mich Ja dazu gesagt."

Ihr Bruder (sie haben die Firma gemeinsam übernommen) geht noch einen Schritt weiter:

„Mir reicht es nicht, der Sohn meines Vaters zu sein. Ich glaube, die Kunden müssen sehen, dass man selbst kompetent ist. Ich möchte erst dann rein, wenn ich das Alter dafür habe, so dass man mir meine Erfahrung abnimmt. Das, was ich in den letzten Jahren getan habe, kann mir dann allerdings sehr nützlich sein in unserem Job."

Die Eigenständigkeit, die sich der Junior erwirbt, hilft ihm auch später bei der Übernahme, meint ein anderer Jungunternehmer:

„Ich glaube, diese Eigenständigkeit von uns allen hat es ihm leicht gemacht, die Betriebe zu übergeben. Mein Vater hat uns immer vermittelt, dass wir machen können, was wir wollen, und nicht etwas ‚müssen', weil wir glauben, dass er das will."

Variante 2: Sowohl **Identifikation** als auch ein **Hineinwachsen** in den Betrieb können durch **mehrjährige Mitarbeit** gefördert werden bzw. erst entstehen. Ein Senior meint, dass das für die Akzeptanz bei den Mitarbeitern wichtig ist:

„Mitarbeiten ist für die Jungen wichtig, damit sie von den bestehenden Mitarbeitern akzeptiert und nicht als ‚Chef' empfunden werden."

Durch die Mitarbeit entsteht Freude an der Arbeit und an der Branche, erzählte mir ein Übernehmer:

„Mein Bruder und ich haben immer schon im Unternehmen mitgearbeitet. Ich im Verkauf – in der Erzeugung – in der Produktion – im Versand, um später dann den Vertrieb zu leiten und in die Geschäftsführung aufzusteigen. Meine Entscheidung, in das Unternehmen einzusteigen, kam während des Studiums. Durchs Mitarbeiten im Betrieb habe ich Freude und Faszination entdeckt."

Daraus kann eine sehr gute und solide Basis für die Führung eines Unternehmens entstehen. Jede erfolgreiche Übernahme braucht die Identifikation, den

Arbeitseinsatz, die Freude, den Idealismus und vollen Elan der Beteiligten, vor allem in der Unternehmensführung. Dies wird in folgender Aussage spürbar:

> *„Als ich das Geschäft gesehen habe, habe ich mir gedacht, dass ich meine Vision dort umsetzen kann. Ich spüre in mir eine große Aufbruchsstimmung. Ich will die Verantwortung komplett übernehmen. Ich möchte unternehmerisch tätig sein."*

Ein **frühes Heranführen** der Jungen an den elterlichen Betrieb ist nicht in allen Branchen möglich und sinnvoll. In der Gastwirtschaft etwa ist dies ein gangbarer Weg:

> *„In meiner Jugend habe ich schon sehr früh mit dem Servieren begonnen und das war toll, denn als kleiner Bub bekommt man jede Menge Trinkgeld. Das war sehr motivierend und hat mich sicher ein wenig geprägt, da bin ich auf den Geschmack gekommen. Vorteil: Die Eltern waren immer da. Nachteil: Am Wochenende gab es fast immer Arbeit, vor allem für die Eltern. In den Semesterferien wurde aber zugesperrt und wir konnten regelmäßig Urlaub machen, den wir alle sehr genossen."*

Und so fällt das Resümee folgendermaßen aus:

> *„Wie meine Eltern es geschafft haben, mich mit subtilen Mitteln in die Gastronomie zu bekommen, weiß ich bis heute nicht. Sie haben es sogar geschafft, dass ich nie auf andere Gedanken gekommen bin!"*

Lehr- und Wanderjahre

Dieses Thema ist so wichtig, dass ich dir hier genau schildern muss, wie meine Interviewpartner damit umgehen. Als Sohn **in die Ferne schweifen** – irgendwo anders einen Beruf erlernen, vielleicht den richtigen, aber nicht notwendigerweise – das ist ein uraltes Modell, das auch heute noch seinen Wert hat. Ein junger Weinbauer erzählt:

> *„Wäre ich damals zu Hause geblieben, dann wäre ich heute sicher nicht mehr im Weinbau tätig. Das Studium war für mich wie eine zweite Pubertät, meine politische Anschauung etc. hat sich verändert."*

Man muss das Alte abschütteln können, um sich den Betrieb anzueignen:

> *„Ich habe mehrere Jahre in der Stadt studiert, da war ich weit weg vom Weinbau und das war eine echte Befreiung, ich konnte alte Verbindungen abschütteln."*

Erst eine Trennung schafft oft die Möglichkeit, wieder einzusteigen, **erst Distanz lässt Nähe zu.** So schildert obiger Weinbauer den Prozess des Sich-Entfernens:

> *„Mein Vater und mein Onkel haben damals den Wunsch, dass ich in den Betrieb einsteige, schon aufgegeben. Während des Studiums habe ich auch nie mit ihnen über den Betrieb geredet – allen war klar, dass ich nicht zurückkomme. Daheim waren dann auch die Investitionen gering, man hat z.B. keine neuen Gärten mehr gesetzt."*

Ein zukünftiger Übernehmer drückt das noch krasser aus:

> *„Als ich mit der Schule fertig war, musste ich weit weg und bin an den Arlberg gegangen, sozusagen ans andere Ende Österreichs. Ich habe einfach Abstand von zu Hause gebraucht, denn ich war (als der Jüngste) immer Mamas Liebling. Die Eltern haben mich überall besucht, auch am Arlberg, das war aber okay, da hab ich mich drauf gefreut."*

Erst wenn man die Zeit als reif ansieht, sollte man zurückkommen – sofern das geht, versteht sich. Nach der Wanderschaft, nach den Lehr- und Lernjahren kommt man als ein anderer wieder zurück und ist für die Übernahme geeignet, weil man einerseits der Gleiche wie der Vater (nämlich sein Sohn) und zugleich ganz anders (mit einem eigenen Erfahrungshorizont) ist:

> *„Mir hat im heimischen Betrieb einfach die Idee für eine Veränderung gefehlt, deswegen wollte ich ihn nicht übernehmen. Hier hat alles soweit gepasst, es wurde gut geführt etc."*

Zurück aus der Fremde muss man die Flausen loswerden, dann ist man für die Übernahme bereit, erzählte mir ein Übergeber über seinen Sohn:

> *„Am Anfang war er noch voll mit Amerika-Ideen und meinte, bei uns ist alles überholt, aber dann ist er doch auf den Geschmack gekommen. Im Jahr 2001/02 waren wir in einer sehr schwierigen Situation, das war eine Herausforderung für uns und ich wäre ohne ihn nicht so gut davongekommen. Ich bin sehr stolz auf ihn!"*

Die Lehr- und Wanderjahre bringen nicht nur eine durchaus sinnvolle Distanz zum elterlichen Betrieb, sondern bewirken auch einen **Erfahrungszuwachs**, der nicht nur Ideen für Erneuerung mit sich bringt, sondern auch die notwendige **Energie** und das **Selbstbewusstsein**, diese Ideen umzusetzen. Ein anderer junger Weinbauer berichtet über seine Zeit in der Ferne und was ihm das gebracht hat:

„Ich selbst habe die Weinbauschule in Mistelbach gemacht und dann ein Kolleg für Weingutmanagement in Krems. Dazu Auslandspraktika in Kalifornien und bis 1999 auch in Südafrika. Das Ausland war immer schon angedacht und Kalifornien hat sich über eine Praktikumsvereinigung ergeben – das war sehr spannend. Davor war ich noch in der Toskana – ein negatives Beispiel für Betriebsführung und somit für mich sehr lehrreich. In Kalifornien war dagegen alles perfekt organisiert, eine sehr schmale Leitung. Es gab immer wieder heftige Auseinandersetzungen mit meinem Vater, nach meinem Italienaufenthalt wurde das aber besser. Südafrika war auch sehr interessant, ich arbeitete in einem Weingut, das dort zu den größten gehört. Dort sind sogar die Vorarbeiter Spezialisten für Weinbau und können dir sofort sagen, was los ist – im Gegensatz zu Kalifornien. Jeder fühlte sich dort für den Erfolg verantwortlich und der Chef war eine sehr starke Persönlichkeit. Seit 1999 bin ich wieder zu Hause. Inzwischen habe ich die Rotweinproduktion komplett übernommen und mache das sukzessive mit der gesamten Produktion. Nur den Feldbau betreut noch mein Vater, das wäre mir auch zu viel. Seit 2004 bestimme ich den Lesezeitpunkt – das ist sozusagen die wichtigste Entscheidung, die ich bis dahin lieber anderen überlassen habe."

Der Vater sieht das anders:

„Lehrjahre in der Fremde: Das ist gut und doch problematisch. Mein Sohn war in Betrieben mit riesigen Dimensionen, bei uns ist alles kleiner und es ist nicht möglich, das genau so zu machen. Er ist aber mit entsprechenden Ideen zurückgekommen und lässt sich von mir nichts mehr sagen. Aber er muss selbst einschätzen, ob er sich das leisten kann, was er tut! In puncto Wirtschaftlichkeit und Betriebsführung steht die Übergabe noch aus. Bei meiner Übergabe war das seinerzeit anders – ich wusste schon mit 20, welche Verantwortung da einmal auf mich zukommt, er muss sie erst übernehmen. Er muss noch den Blick auf das Gesamte lernen. Ob wir eine Gesprächsbasis haben? Eigentlich nicht. Ihm ist z.B. der Sonntag heilig, ich finde, dass man es sich nicht leisten kann, zumindest an manchen Sonntagen. Teilweise sind das aber Erfahrungen, die jeder selbst machen muss. Ich bin jedenfalls da, wenn er mich braucht. Er muss mich nur fragen! Aber ich gehe nicht mehr auf ihn zu, das bringt nichts. Das ist der Vergleich so ähnlich wie mit der Herdplatte – es ist die Frage, ob er die heiße Herdplatte anfassen muss oder ob er sich von mir sagen lässt, dass sie heiß ist."

Wenn das nicht funktioniert, entsteht ein Defizit. Ein Übernehmer erzählt, wie er unzufrieden war und erst mit der Zeit eine neue Richtung einschlagen konnte:

> *„Ich würde heute meine Ausbildung woanders machen. Ich bin nur einmal weggegangen und habe in der Entwicklungshilfe gearbeitet. Aber dann habe ich meine Frau kennengelernt und habe mit der Entwicklungshilfe aufgehört. Zwei Jahre war ich Gasthörer an der Hochschule. Aber für das Studium konnte ich mich dann auch nicht entscheiden. Manchmal denke ich schon, dass ich mich hier in ein gemachtes Nest gesetzt habe, aber vielleicht ist es gerade deshalb auch nicht mein Baby. Vor Weihnachten habe ich erstmals eine eigene Edition gemacht, für die ich viele positive Rückmeldungen bekommen habe. Vielleicht ist das meine neue Richtung. Das sind Dinge, die mir Freude machen."*

Rechtzeitig nachdrängen

Die Alten müssen spüren, dass eine Kraft nachkommt. Nicht immer rücken sie das Geschäft freiwillig heraus – manchmal kommt es zu einem echten Generationskonflikt bzw. zum Kampf zwischen Alt und Jung. Die folgende Geschichte erzählt von einer schwierigen Übergabe, die eigentlich ein Übernahmeprozess war, der die Verstrickung von Familie und Organisation sehr gut darstellt:

> *„Ursprünglich wollte ich ja nur in die Geschäftsführung, quasi als zweiter Geschäftsführer, um ins Thema hineinzuwachsen. Der ganze Prozess, dass auf meiner Visitkarte Geschäftsführer steht, hat zwei Jahre gedauert. Damals war ich neben meinem Vater Geschäftsführer, aber allein zeichnungsberechtigt. Zu dem Zeitpunkt habe ich dann die Anteile meines Bruders (12,5 %) übernommen. Ich sah das als Entschädigung für das, was ich im Unternehmen nicht verdient hatte. Doch das reichte mir nicht. Ein anderer Bruder hat mit meinem Vater ein Unternehmen gegründet und sie sind gescheitert, was im Nachhinein gesehen zu meinem Vorteil war. Nachdem das Unternehmen aber mit „meinem" Geld aufgebaut war, wollte ich nicht, dass alles plötzlich den Bach runtergeht – durch die diversen Geschäfte meines Vaters und meiner Brüder. Mir hat der Ausgleich gefehlt, die Gerechtigkeit zwischen den Kindern. So habe ich zu meinem Vater gesagt: ‚Was du hattest, ist dahin.' Mir ist plötzlich klar geworden: Ich will das Unternehmen allein führen und die*

Anerkennung bekommen, die mir gebührt. Mein Ziel wurde es also, die Firma zu übernehmen! Hierfür musste ich die Struktur verändern, denn es bestand die Gefahr, dass die schlechten Firmen meine gute mitreißen. Auch wollte ich keine Produktion mehr haben, weil sie unrentabel war. Ich hatte meinen Vater heimlich kontrolliert und die Zahlen studiert, bis ich herausfand, was er alles gedreht hat. Ich habe das Holding-Thema kritisch unter die Lupe genommen. Lohnintensive Teile wurden nun fremdgefertigt. Das haben mein Vater und mein Bruder gemacht, was ich dann aber auch nicht mehr wollte, weil er nach wie vor Geld ‚geschoben' hat. Eine Zeit lang habe ich dem zugeschaut, im Sinne der Familie. Ich wollte endlich Geld verdienen. So ist es gelungen, die überflüssigen Unternehmen zu verschmelzen.

Erfolgsfaktoren für die Übergabe:

1. *Ich konnte diese Variante gemeinsam mit dem Steuerberater und Wirtschaftsprüfer meinem Vater als die günstigste Variante und als steuerschonend verkaufen.*
2. *Mein Vater wollte zu diesem Zeitpunkt in Pension gehen. Allerdings durfte er nicht mehr Geschäftsführer sein, weil er sonst keine Pension bekommen hätte.*

So habe ich dann die Geschäftsführung aller vier Firmen übernommen und sie verschmolzen. Mein Vater war natürlich weiterhin der Hauptgesellschafter und als solcher hatte er weiterhin die Macht. Damals hielt ich aber immerhin schon 18 % am neuen Unternehmen. Parallel dazu habe ich jährlich mein Gehalt verdoppelt. Und ich habe heimlich weiter Mitarbeiter abgebaut – in der Produktion. Und meinem Bruder habe ich quasi einen anderen Job gesucht. Mein Vater wollte zu diesem Zeitpunkt aber weder über- noch hergeben. Das war sein größter Schritt: Ich gebe meinem Sohn Macht. Ich wollte aber Rechtssicherheit für mich. Was passiert, wenn mein Vater plötzlich stirbt? Dann kommen plötzlich meine sechs Geschwister. Niemals wollte ich andere mitführen lassen!
Wir sind alle sehr sportlich in der Familie. Mein Vater z.B. fährt Radrennen. Er hatte natürlich schon mehrere Unfälle. Aber als ich ihm gegenüber das ansprach, war er entsetzt und sagte: ‚Ich bin 62 Jahre und ich werde 100. Ich übergebe nie!'
Dann kam die Auseinandersetzung mit der Frage ‚Wie kann ich das regeln?' Da gab es echte Dramen und viele, viele Termine.
Eines meiner Ziele war, eine liebevolle Beziehung zu meinen Eltern aufzubauen. So habe ich sie z.B. eines Tages zu mir in meine Wohnung eingeladen

(sie waren in 20 Jahren nie bei mir gewesen). In diesem Gespräch ist vieles ausgesprochen worden von meiner Seite, was mich all die Jahre belastet hat (Familiäres wie Betriebliches): ‚Du betrügst und ich weiß es. Für mich ist wichtig, dass ich jetzt mein Leben lebe. Meine Entscheidung steht fest: Entweder wir machen jetzt die Übergabe oder ich bin weg.' An dieser Stelle ist ihm klar geworden, dass er nicht mehr aus kann.
Den ersten Termin beim Notar ließ er platzen. Ich war echt sauer! Aber ich ließ nicht locker und so kam es dann zur Übergabe. Ich wollte die Firma. Er wollte Geld aus der Firma. Seine einzige Möglichkeit dazu war ich. So haben wir eine ‚Erfolgs'-Leibrente vereinbart für zehn Jahre bis zu einem Betrag xy. Auch bekommt er von mir Miete für die Liegenschaft. Ich habe all die Vorschläge gemacht. In diesem Prozess gab es eine deutliche Führungsthematik von mir. Doch für mich war es immer wichtig, dass es für beide stimmig ist. Ich habe nie an der Vision, sondern immer nur an den kurzfristigen Zielen und kleinen Schritten gearbeitet. Das hat mir sehr geholfen auf meinem Weg. Dieser Prozess hat viel ausgelöst in meiner Familie. Es fanden diverse Übergaben auf Zeit an alle Kinder statt. Und wir haben vertraglich vereinbart, dass meine Geschwister auf Erlöse aus meiner Firma verzichten."

Manchmal muss man einen Kampf gegen sich selbst und einen gegen die Eltern führen. Eine Tochter berichtet über ihre Erfahrungen:

„Bei uns passieren die Dinge immer noch ‚doppelköpfig'. Wir machen viel gemeinsam und doppelt. Alles, was ich allein mache, muss ich mir erkämpfen. Eine Mutter-Kind-Beziehung hatten wir nie. Ich bin bei meiner Großmutter mütterlicherseits aufgewachsen. Ich mag meine Mutter, aber hier hat sie sicherlich das letzte Wort. Das wird zunehmend problematisch für mich, je älter und erfahrener ich werde."

Die Auseinandersetzung des Neuen mit dem Alten ist notwendig – die Frage ist nur: Wie und auf welchen Ebenen findet das statt?

Das Neue löst irgendwann das Alte ab – hier finden wir in Familienbetrieben tendenziell auch einen Generationskonflikt. Wie ich dir ja schon geschildert habe, ist der Grundwiderspruch von Alt und Jung eine der treibenden Kräfte in der menschlichen Gesellschaft. Man darf sich also nicht wundern, dass diese Kräfte auch entsprechend wirken. Ein junger Gastwirt, kurz vor der Übernahme, schildert diese Kräfte:

„Im August hab ich dann begonnen, und zwar im Service, denn in der Küche gibt es nur einen alten Holzofen und außerdem steht auch noch meine Mut-

ter drin. Das geht nicht, denn da kann ich nicht arbeiten! Das ist klar: Solange die Mutter drin ist, fang ich in der Küche nicht an! Wir haben einfach unterschiedliche Ansichten und außerdem kann ich im Service die vielen Stammgäste kennenlernen, das ist gut!"

Der eigene Platz

Wichtig ist, sich seinen eigenen Platz zu schaffen, an dem man mit seinem Wissen gebraucht wird. Ein junger Weinbauer berichtet, wie ihn die Probleme in der Firma bewogen haben, wieder zurückzukehren:

„Ab 1994 gab es dann Probleme mit dem Weißwein bei uns – wir hatten sehr viel Böckser – und bekamen das nicht in den Griff. So wuchs bei mir ab 1996 neues Interesse, denn die Probleme wurden nicht richtig angegangen – und ich fand einen Weg, mich hier nützlich zu machen."

Ein anderer Jungunternehmer berichtet ähnlich:

„Ich war drei Jahre auf einer Fachschule für Textil und Einzelhandel. Ich wäre dort gern noch ein weiteres Jahr geblieben, aber mein Vater rief mich zurück, weil er die Expansion nicht allein schaffen konnte."

Gebraucht zu werden hat für potenzielle Übernehmer einen hohen Motivationswert. So erzählt ein Senior:

„Für unseren Sohn waren die USA das gelobte Land und wir dachten, er würde bleiben. Als er zurückkam, sagte er auch noch: ‚Ich übernehme nicht!' Ich meinte: ‚Bevor du Daumen drehst, mach dich nützlich!' Dann übernahm er die Erneuerung der EDV, das machte ihm Spaß und das konnte er auch gut. Er entdeckte, dass das doch recht interessant ist, und sein Interesse stieg schlagartig. Er meinte: ‚Was ist, wenn ich doch einsteige?'"

Ihre Motivation, eine marode Firma wieder in Schwung zu bringen, schildert eine junge Unternehmerin:

„Die Situation im Betrieb muss sich ändern. Mich stört, wie sie alle Geld hinausschmeißen, das sie selbst nie verdienen mussten, weil sie es nicht nötig gehabt haben. Es regt mich auf, wie mit meinem Geld gehaushaltet wird und dass es immer weniger wird. Wenn ich hier irgendetwas machen kann, ist mir das wichtig. Je weniger das Geld wird, desto größer wird der Neid. So erlebe ich es zumindest."

Nur wenn der Junior die Position bekommt, die er für die Führung der Firma braucht, kann er erfolgreich sein. Diesen Platz muss er sich manchmal erkämpfen, manchmal sind die Umstände günstig. Ein hartes Stück Arbeit ist es aber in jedem Fall, wie ein junger Unternehmer aufzeigt:

Ich bin offiziell nur Prokurist, mein Vater ist Geschäftsführer und Eigentümer. Er fährt von Büro zu Büro und betreut die Angestellten, er macht gute Arbeit. Ich betreue den österreichischen Markt und bin weltweit für die Zusatzprodukte zuständig. Ich schmeiße hier den Laden und habe einen langfristigen 7-Jahres-Plan aufgestellt. Der Vater hatte gar keine Wahl! Er musste mich tun lassen, inzwischen habe ich alles renoviert. Die Brüder haben nix dagegen, vorher hat es eh nur Schulden zu erben gegeben. Der Einzige, der später was gegen meine Übernahme haben könnte, wäre mein Vater und da würde ihm meine Mutter ordentlich einheizen. Ihr gehört unser ganzer Privatbesitz, das mussten wir machen, denn die Firma hätte ja komplett den Bach runtergehen können.“

Die Unterordnung in das System

Soll sich ein Chef unterordnen? Natürlich nicht, denn er ist ja der Chef! Trotzdem ist es sehr hilfreich, sich **als Sohn** des Chefs erst einmal im Betrieb **unterzuordnen**. Hier ist viel **Feingefühl** notwendig:

„Ich war immer sehr bemüht, mich möglichst in allen Phasen mit den Leuten zu arrangieren, und habe mich nie als Unternehmersohn hervorgetan. Ich war immer offen gegenüber den Mitarbeitern und habe mich nie hierarchisch ausgegrenzt.“

Wer in ein System eintritt, tut dies zuerst an der letzten Position. Für den Sohn des Unternehmers ist dieser Platz vorerst auch angemessen, erst später kann er sich hocharbeiten. Gänzlich falsch ist es, wenn der Junior die Firma als **Spielwiese** für die eigene Entwicklung verwendet. Ein Übergeber schildert die Schwierigkeit:

„Nicht von außen gleich in den Chefsessel setzen. Lieber etwas anderes mitbringen. Besser kein Learning by Doing im eigenen Haus machen, denn nicht jede Firma überlebt das.“

Fachkompetenz

Jeder Übernehmer sollte etwas vom Betrieb verstehen. Dies ist abhängig von der Größe und der Branche. Ein Unternehmer gibt ein Beispiel:

> *„Der Übernehmer sollte den Betrieb kennen und mindestens ein paar Jahre darin mitgearbeitet haben. Als Übernehmer muss ich wissen, was die Firma tut. Meine Tochter hat z.B. im Werk an den Maschinen gearbeitet. Wir tendieren heute allgemein in der Wirtschaft dazu, die Führungskompetenz in den Vordergrund zu stellen. Das ist zu wenig. In einem Betrieb mit 200 Mitarbeitern funktioniert das nicht. Der Chef muss sich mit dem Produkt identifizieren, das er herstellt."*

Einen wichtigen Punkt dürfen wir nicht vergessen. Der Junge muss sich rechtzeitig darum kümmern, dass er von den Alten die Kompetenz auch zugesprochen bekommt: Interesse am Unternehmen zeigen, Praktika absolvieren, fachspezifisches Wissen aneignen, entsprechende Ausbildungen machen – auch im Ausland etc. Eine Variante besteht darin, sich selbst bereits etwas aufgebaut zu haben, etwa ein eigenes Geschäft, mit dem man beweisen kann, dass man erfolgreich ist, meint ein junger Unternehmer:

> *„Der Akt des Abgebens war für meine Tante nicht leicht. Deswegen habe ich auch dieses Geschäft aufgemacht, um etwas Eigenes aufzubauen. Jetzt sieht sie, dass ich darin seit sechs Jahren erfolgreich bin, was ihr die Übergabe sicher erleichtert."*

Eine andere Variante besteht darin, das Geschäft von der Pike auf zu lernen oder eine gewisse Einarbeitungszeit zu absolvieren, berichtet ein Übernehmer:

> *„Ich würde im Vorfeld (vor Kauf und nach meiner Absichtserklärung im fortgeschrittenen Stadium) auch mit Kunden sprechen, ob sie sich eine Übergabe an mich vorstellen können. Ebenso würde ich das mit den Mitarbeitern tun. Ich würde eine Zeit lang ‚mitgehen', um das Geschäft von der Pike an zu verstehen und alle involvierten Personen persönlich kennenzulernen."*

Klare Preisvorstellungen

Der „Preis", der seitens des Übernehmers zu zahlen ist, muss klar auf dem Tisch liegen, vor allem für ihn selbst. Damit ist nicht nur der finanzielle Aspekt gemeint. Ein junger Übernehmer zählt einige Preisbeispiele auf:

„Es wird mich sehr viel Zeit kosten. Ich arbeite zurzeit 40 bis 60 Stunden in der Woche. Nach der Übernahme werden es sicher 80 Stunden sein. Das wird mich ein paar Freundschaften kosten, weil dann dafür keine Zeit mehr ist. Es kann mich auch Kunden in meinem eigenen Unternehmen kosten, weil ich dann vielleicht nicht mehr die Zeit habe, die Trainings selbst zu leiten."

Das Risiko, in der Familie zu streiten und dadurch den Betrieb aufs Spiel zu setzen, keine ordentliche Beziehung führen zu können, 60 bis 80 Stunden in der Woche arbeiten zu müssen – all diese Faktoren sind einzubeziehen. Ich muss hier einen alten Bekannten (Junior) ausführlich zitieren, der mir die Anforderungen sehr realistisch geschildert hat:

„In den letzten Jahren bin ich um 10 Jahre älter geworden. Im Schnitt arbeite ich 70 bis 80 Wochenstunden. Es dreht sich auch generell in der Familie alles ums Geschäft. Der Gewinn ist die große Frage. Das Ansehen ist schon da, die Bevölkerung schätzt mich. Ich bin ein gesprächiger Typ und mir taugt es, dass ich ihnen was anbieten kann. Unsere Familie ist nicht nur aufs Geld aus, sondern die Arbeit soll auch Spaß machen. Das alles schweißt die Familie zusammen. Durchs Geschäft kommt man eh nicht auf blöde Gedanken oder lässt sich ablenken. In der Beziehung muss man schon darauf achten, auf welchen Typ Frau man sich einlässt. Mein Geschäft ist meine Existenz. Das darf ich also nie außer Acht lassen. Damit steht und fällt alles. Meine jetzige Partnerin (in Dresden) hat auch zeitweise einen 80-Stunden-Job und hat somit Verständnis. Außerdem bin ich eher für Fernbeziehungen, denn so kann ich mich voll aufs Geschäft konzentrieren und wir haben dann ein Ziel, auf das wir uns beide freuen können."

Arbeit und Mühsal – ist es das wert? Diese Frage ist nicht leicht zu beantworten, denn oft weiß man erst im Laufe der Tätigkeit, welche Anforderungen ein Betrieb tatsächlich stellt. Den Frust schilderte mir eine Jungunternehmerin wie folgt:

„Ich zahle sicher den Preis, dass ich sehr häufig Magenweh habe und viel Ärger und dass ich mir oft denke: Warum tue ich mir den Scheiß eigentlich an? Viel emotionale Geschichten also. Meine beiden Schwestern, 28 und 25 Jahre, leben immer noch dieses sorglose Studentenleben. Hier habe ich Verantwortung. Das ist der Unterschied."

Die Familie leidet darunter, erzählt eine Jungunternehmerin:

„Mein Preis der letzten Jahre besteht nicht nur darin, dass ich irgendwann das Geld aufnehmen muss, sondern auch meine Familie leidet darunter.

Meine Tochter (10 Jahre) sehe ich nur wenige Stunden am Tag, meine Kinder können niemanden einladen, weil ja niemand von uns zu Hause ist. Unsere Kinder müssen sehr selbstständig sein. Früher war mein Mann wenigstens noch zu Hause mit seinem Büro. Jetzt ist gar niemand mehr zu Hause. Meine Tochter muss sich selber das Mittagessen zubereiten und allein Hausaufgaben machen. Mein großer Sohn (12 Jahre) geht in eine Ganztagesschule (da wird auch meine Tochter nach der Volksschule hingehen) und ist von 6 bis 18 Uhr unterwegs. Dadurch ist er mir ein bisschen entglitten. Bis vor einem Jahr bin ich täglich heimgefahren und habe gekocht. Mittlerweile bin ich fast nur noch im Betrieb. Anfänglich hat meine Großmutter etwas nach den Kindern geschaut. Jetzt geht es aber dem Großvater schlecht und so fehlt es einfach an Betreuung für meine Kinder."

TIPP 30: Es ist von entscheidender Bedeutung, dass sowohl Übergeber wie auch Übernehmer unabhängig voneinander Überlegungen anstellen, welche Preise zu zahlen sind. In einem gemeinsamen Gespräch vergleicht man die Listen und daraus entsteht dann ein konstruktives Gespräch, in dem langjährige Missverständnisse aufgeklärt und wichtige Informationen über reale Chancen und Risiken besprochen werden können.

Klare Wertvorstellungen

Wir hatten diesen Punkt schon bei der Beschreibung der Kriterien für den Übergeber. Dieser Punkt ist so wichtig, dass ich für dich die Seite des Übernehmers noch einmal herausarbeiten möchte. Ein **symbolischer „Nullwert"** des Unternehmens zum Zeitpunkt der Übergabe erleichtert in vielen Fällen die Übernahme. Zugleich liegt hier oft das Problem: Manche Firmen leben vom Image, bei anderen stellen die Produktionsanlagen den Wert dar. Ein „gutes" Unternehmen kann besser übergeben werden als ein schlechtes, wobei hier möglicherweise Unterschiede zwischen Verkauf und Vererben gemacht werden müssen. Ein Senior schildert:

„Für den externen Verkauf sowie die Übergabe an den Sohn ist es wichtig, das Unternehmen ständig im Auge zu behalten, die Braut zu pflegen und zu hegen, damit sie einen Imagewert, aber auch einen finanziellen Wert hat. Und das habe ich all die Jahre getan!"

Das hat einen enormen Vorteil – es nimmt den Druck und verlangt keinen neuerlichen Ausgleich. So meint ein Junior:

„Mein Vorteil ist, dass ich – weil das Unternehmen an sich keinen Wert mehr hat – meinem Vater nicht dankbar sein muss und so auch kein Erfolgsdruck auf mir lastet."

Wenn das Unternehmen gut geht, dann sollten die Kinder keine große Belastung aufgehalst bekommen. Die Möglichkeiten reichen von einer Leibrente bis zu dem idealen Zustand, dass die Senioren genügend Geld auf die Seite gelegt haben:

„Unsere Gabe ist das Unternehmen. Eine Gegengabe braucht es gar nicht, denn wir haben für uns vorgesorgt. Aber natürlich wollen wir weiterhin gut leben. Wir könnten uns eine Art Leibrente oder Anteile am Unternehmen vorstellen. Auf jeden Fall wird der Preis für unsere Kinder akzeptabel sein. Ein Betrieb darf nicht ausgepresst werden auf Kosten der Kinder!"

Wenn der Preis zu hoch ist, scheitert die Übergabe, meint ein Junior, der den väterlichen Betrieb nicht übernehmen wird:

„Mein Preis wäre sehr hoch gewesen aufgrund der vielen familiären Verstrickungen. Da gab es auch noch eine Tante, die über den Betrieb für die Pension angemeldet war etc."

Die wirtschaftliche Situation eines Unternehmens ist oft ausschlaggebend für die prinzipiellen Möglichkeiten, die bestehen. Eine wirtschaftlich schwierige Situation macht es manchmal sogar leichter, vor allem wenn es um die Aufteilung des Erbes geht – wo nichts ist, braucht man auch um nichts streiten, wie der Übernehmer einer Apotheke schildert:

„Die Apotheke war zum Übergabezeitpunkt in einer wirtschaftlich schwierigen Situation. Das war aber gut (für mich), weil der Wert damals sehr gering war. So fiel es meinen Geschwistern nicht schwer, zu sagen: ‚Dann soll er das machen.' Das Unternehmen hatte ja eigentlich einen Null-Wert. Eines ist schon passiert, nämlich dass wir gesagt haben: ‚Es wird offiziell geschenkt.' Fakt ist, dass ich die Apotheke von meinen Eltern zu einem ‚Fremdpreis' gekauft habe (Übernahme der Schulden; 100 % des Umsatzes bezahlt). Es gab auch noch einen Vertrag von der ersten Übergabe (lebenslange Rente an Großmutter väterlicherseits), den ich natürlich übernommen habe."

Oftmals wissen die Übernehmer auch als Familienmitglieder nicht über die tatsächlichen Werte Bescheid, die in der Firma vorhanden oder nicht vorhanden sind. Hier kommt irgendwann der Tag der Wahrheit, beschreibt ein Junior:

> *„Mein Ziel ist (wenn ich mir vorstelle, dass ich 60 Jahre bin und in Pension gehen möchte), dass ich mein Unternehmen gesund und munter übergeben kann. Für mich war es ein Schock, als ich erkannt habe (wir Kinder wussten das ja lange Zeit gar nicht), dass der Betrieb wirtschaftlich so schlecht dastand.“*

Wenn ein entsprechender Wert der Firma da ist, muss die Übergabe auch finanziell sehr genau geregelt werden. Hier gibt es so viele verschiedene Modelle, dass ihre Aufzählung den Rahmen dieses Werkes sprengen würde. Ein Beispiel aus Sicht eines Übernehmers:

> *„Ein Jahr vor der Übergabe hat mein Vater eine Großrenovierung veranlasst – nach meinen Vorstellungen und seinen Erfahrungen. So hatte der Betrieb, den ich übernommen habe, Schulden. Diese Investitionskosten habe ich übernommen (Kredite). Der Betrieb an sich war ja nicht negativ. Wir haben den Verkaufspreis von 4,4 Millionen ATS damals gegengerechnet gegen Vorsteuer-, Einkommensteuer etc. Das stottere ich seither auf 10 Jahre ab. 2009 ist dann ein großer Kredit weggefallen. Heuer habe ich eine Liquiditätsumschuldung gemacht. 2011 fällt der letzte Kredit dann auch noch weg. Dann bin ich komplett schuldenfrei.“*

Hier spielen wirtschaftliche Überlegungen eine Rolle, für die man im Idealfall einen eigenen **Fachmann** hinzuziehen sollte. Ob Anwalt, Steuerberater, Notar, Wirtschaftsprüfer – dies ist von Unternehmen zu Unternehmen verschieden.

Sicherheit in Bezug auf Erbschaftsangelegenheiten

Dieser Punkt ist Ursache für viele endlose Streitfälle und auch hier vermischen sich Familiensystem und Firmensystem. Aus Sicht des Übernehmers ist es besonders wichtig, Klarheit zu haben, denn sonst belasten die ständigen Streitereien das operative Geschäft und schwächen den Übernehmer.

Die richtige Mischung aus Bewahren und Verändern

Nicht nur aus der Sicht des Übergebers, sondern viel mehr noch aus der des Übernehmers ist dieser Punkt einer der ganz zentralen. Traditionen sind zu respektieren, weil sie einen Teil des Unternehmenswerts ausmachen, wie ein Übernehmer klarstellt:

> *„Wir haben einen gut gehenden Betrieb übernommen. Vor allem wenn es sich um ein Traditionsunternehmen wie dieses handelt, erwarten die Eltern, dass man die Firma vernünftig weiterführt. Die Positionierung des Unternehmens ist klar, doch diese Ziele werden immer wieder neu ausgerichtet und überdacht, ohne die Wurzeln zu verraten."*

Mein Interviewpartner erklärt das Verhältnis von Jung und Alt:

> *„Gustav Mahler hat gesagt: ‚Das Alte kann nur weiterleben, wenn es das Neue zulässt.' Das bringt es auf den Punkt. Der Übergeber muss sich auf etwas Neues einlassen können, damit das, was er getan hat, weiterleben kann. Mahler hat aber auch gesagt: ‚Tradition ist nicht die Anbetung der Asche, sondern die Weitergabe des Feuers.' Man muss einfach innovativ an die Aufgaben herangehen, die einem gestellt werden."*

Wenn auf beiden Seiten Wertschätzung vorhanden ist, kann dadurch der vielleicht wichtigste Teil eines Übergabeprozesses bewältigt werden. Ein Übernehmer schilderte mir den gelungenen Prozess mitsamt den Kriterien:

> *„Als Übernehmer bin ich mir nie zu gut, meinen Papa um Rat zu fragen. Ein guter Übernehmer schätzt wert, was war, und macht nicht alles gleich anders. Ein guter Übernehmer erlaubt einem Übergeber, langsam auszusteigen, ohne ihn plötzlich rauszuwerfen aus dem Betrieb. Diese beidseitige Wertschätzung hat dazu geführt, dass wir nebeneinander gut noch weiterarbeiten konnten. Natürlich gab es auch Differenzen, vor allem bei den von mir geplanten Investitionen. Mein Vater hat immer seine Meinung kundgetan, aber nie in meinen Betrieb hineinregiert."*

Die Familienbande sind jedoch noch lange spürbar, meint er:

> *„Wenn ich meinen Vater aus dem Betrieb schmeißen würde, würde mir das heute auch betrieblich nicht mehr schaden. Aber den Familienfrieden würde es stören. Der Betrieb ist auf den Alten schon längst nicht mehr angewiesen. Aber es ist besser, wenn ich den Zeitpunkt seines Rückzugs ihm überlasse."*

Die Verbindung und die Verstrickung von Familie und Betrieb sind immer wieder spürbar! Die richtige Balance zwischen Rat geben seitens des Übergebers und Rat annehmen seitens des Übernehmers ist wichtig, meint ein Junior:

> *„Es soll also möglich sein, für Tipps zu danken, und es doch anders zu machen."*

Es gab auch Stimmen, die meinten, dass die Senioren die Junioren viel weniger gängeln würden, als dies gemeinhin angenommen wird. Oft brauchen die Übernehmer die Hilfe und auch die Entscheidungskraft der Übergeber, dann sollten sie sich auch was sagen lassen. Letztlich ist es die Kraft des Übernehmers, die den Betrieb weiterführt:

> *„Er soll nicht müssen, aber dürfen. Es ist ein Märchen, dass der Vater den Junior bremst – das stimmt nicht!"*

Manchmal ist es gut, mit der großen Veränderung bzw. mit Investitionen noch etwas zu warten, meint ein Übernehmer:

> *„Natürlich gibt es vonseiten der Patienten einen Druck, der da lautet: ‚Schauen wir uns den Neuen doch einmal an.' An dieser Stelle darf man nicht böse sein, wenn man auch welche verliert. Man muss sich über 1 bis 2 Jahre seinen eigenen Kundenstock (aus Alt und Neu) aufbauen. Erst dann sollte man in den übernommenen Betrieb investieren bzw. ihn verändern. Das heißt, bei einer Übernahme sollte man zunächst ‚unzufrieden' weiterarbeiten. Das ist mein Tipp."*

Nicht zuletzt geht es bei der behutsamen Übergabe darum, an die **Kunden** zu denken, meinte dieselbe Person:

> *„Ein möglicher Kardinalfehler vieler Übernehmer ist, dass sie dem Kunden zu viel zumuten, indem sich der Übergeber viel zu schnell zurückzieht und die Übernehmer zu schnell etwas im Betrieb verändern. ‚Alles neu machen' ist keine Übernahme! Das ist eine Zumutung für den Kunden: Plötzlich eine andere Person und alles schaut noch dazu anders aus. Das führt zum Wegfall der bestehenden Kunden."*

Die Würdigung des Alten

Damit meine ich sowohl die Person des Übergebers/Vaters als auch das Alte im Sinne des Vorhandenen. Dies kann auch mit bestimmten Symbolen geschehen, wie der Sohn eines erfolgreichen Unternehmers mir erzählt hat:

„Beide haben ein Ferienhaus. Jetzt sind sie mehr dort. Jetzt reisen sie auch mehr. Mein Vater hat die Firmengeschichte geschrieben und wir haben ihm ein Firmenmuseum eingerichtet."

Ein erfolgreicher Übernehmer kann das „Alte" würdigen und schätzt den Rat des Übergebers im Sinne eines Mentors. Er vollendet somit gern das Lebenswerk des Übergebers und erlebt das Mitwirken des Übergebers dann als willkommene Hilfe und nicht als Einmischen, meint ein Junior:

„Der Umzug an einen neuen Betriebsstandort hat mir die Übernahmesituation sehr leicht gemacht. Es war hier ja alles leer. Insofern ist es ganz meine Apotheke! Aber ich habe natürlich für alle alten Kunden das Inventar der alten Apotheke mitgenommen, es restaurieren und hier wieder aufstellen lassen. Auch die Bilder von meinem Urgroßvater väterlicherseits hängen überall."

Das Erbe antreten heißt, das Erhaltene zu würdigen, um es annehmen zu können – wer will schon etwas Wertloses haben! Hier muss man eine klare Unterscheidung treffen zu einer Strategie des Verhandelns, bei der man den gegnerischen Wert schlecht macht, um ihn billiger zu bekommen, während man den eigenen lobpreist. In folgendem Beispiel wird gezeigt, wie eine Tochter das bisher vom Vater Erreichte schätzt:

„Ich bin meinem Vater dankbar für die Geschäftsführung, denn ich habe damit eine Spielwiese bekommen. Er sagt manchmal zu mir: ‚Es muss ja frustrierend sein, eine Firma zu führen, die gut rennt.' Ich sehe das nicht so. Ich finde es super, weil ich so Geld habe für PR, Werbung u.v.m. Und ich brauche das Ding nicht von null allein hochbringen. Ich kann mich hier von Anfang an auf hohem Niveau bewegen."

Die richtige Symbolik

Diesen Punkt muss ich besonders betonen, denn die Kraft der Symbolik wird oft unterschätzt. Ich habe immer wieder Aussagen gehört wie „Das ist doch nur Firlefanz" oder „Für so etwas haben wir keine Zeit und kein Geld". Dabei ist meist die ganze Übergabe schon von Symbolen begleitet, die das Verändern oder auch das Bewahren gut dokumentieren, oft aber nicht bewusst sind. Ein Junior erzählt aus seinem Prozess:

„Ich habe als Junior mit der EDV-Einführung begonnen. Mein Vater hat sich da immer rausgehalten. Irgendwann haben wir dann die Schreibtische gewechselt, da ich mehr Platz für den Bildschirm brauchte."

Eine Übergeberin berichtet, dass sie sich sehr wohl über eine kleine Geste bei der Übergabe gefreut hat:

„Für mich ist das Kapitel jetzt abgeschlossen. Als nette Geste des Übernehmers hat er gesagt, dass er mich zur Vorstandsvorsitzenden erklärt, obwohl es ja gar keinen Vorstand gibt."

Diese Symbolik ist idealerweise auch in die andere Richtung vorhanden. Die gerade erwähnte Übergeberin spricht einen wichtigen Punkt an, nämlich die Frage, wie wichtig die symbolische Übergabe für die Mitarbeiter ist:

„Ich war sehr lange nicht mehr dort. An der Weihnachtsfeier habe ich teilgenommen, aber auch nur, weil mein Nachfolger mich darum gebeten hat. Es war eine Nettigkeit seinerseits und auch für die Mitarbeiter gut, um das Vertrauen in ihn zu stärken. Die Mitarbeiter müssen spüren, dass der verlassende Gesellschafter den Übernehmer befürwortet und für positiv hält."

In fast jedem Betrieb findet sich ein Punkt, der sich für einen **Initiationsritus** eignet. Beim Weinbau ist es der Zeitpunkt der Lese, im Gastbetrieb ist es die Speisekarte, wie ein junger Gastronom erzählt, der kurz vor der Übernahme steht:

„Das Publikum muss jünger werden, die alten Stammgäste sterben aus, weil sie alle mit dem Auto fahren müssen, um zu uns zu kommen. Die Führung des Betriebs wird neu, ebenso die Küche und die Speisekarte. Das darf man nicht unterschätzen. Die Speisekarte ist das Herzstück des Lokals. Es gibt jetzt schon immer eine Speise, die ich auf die Speisekarte setze, der Rest ist noch von meiner Mutter. Das ist super, weil sich auf diese Weise die Mutter und auch die Gäste allmählich daran gewöhnen – so ist allen geholfen! Das kommt sehr gut bei den Gästen an! Innerhalb der nächsten 15 Jahre wird es einen Totalumbau geben, vor allem die Küche wird sehr teuer. Im Geiste weiß ich bereits, wie ich das machen werde und will. Es ist allen klar, dass das notwendig ist. Außerdem bekomme ich im Zuge der Übergabe Förderungen. Wenn ich dann alles kann, wird es ernst. Wenn die Küche umgebaut ist und wir das Lokal wieder eröffnen, dann ist das mein Lokal! Der Vater wird noch im Service sein, aber die Speisekarte gibt die Richtung an und prägt den Stil eines Lokals – und die mache ich."

Trennen von Familie und Betrieb

Das ist ein heikler Punkt, denn oft ist die Vermischung auch Teil der Identifikation. Aber wenn es die Eltern schon nicht geschafft haben, dann kann man es vielleicht selbst – hier ein Beispiel einer jungen Übernehmerin:

> *„Ich kann hier am Abend rausgehen und alles vergessen. Ich achte darauf, dass wir zu Hause weder über mein Unternehmen noch über das Unternehmen meines Mannes diskutieren. Bei uns zu Hause (Herkunftsfamilie) ist alles den beiden Firmen untergeordnet worden, das will ich auf keinen Fall. Bei uns zu Hause ist pausenlos über die Firma gesprochen worden und das hat mich immer gestört. Vielleicht mache ich es deshalb nicht. Ich hole meine Lebensberechtigung nicht aus dieser Firma."*

Da sich mit der Gesellschaft auch die sozialen Lebensformen und in Folge auch die Ansichten über Beruf, Leben und Freizeit ändern („Work-Life-Balance"), wird es in diesem Punkt auch Weiterentwicklungen geben.

Ein **neuer Standort** kann de facto, aber auch symbolisch den Wechsel, den Neuanfang unterstreichen und entsprechende Energien freisetzen. Der „Alte" kann sich eine neue Rolle suchen, der „Junge" hat etwas Eigenes vorzuweisen:

> *„Das Unternehmen wächst, blüht und gedeiht. Anfang Februar 2007 übersiedeln wir in ein neues Büro, in ein 1000 m² großes Anwesen, das Büro und eigenes Trainingsinstitut vereint, die Kunstsammlung meines Vaters beherbergen wird und auch als Eventfläche zur Verfügung steht. Dafür gibt es jetzt viel vorzubereiten: Logo, Raumaufteilung, inhaltliches Konzept u.v.m."*

Den Alten ein Auskommen schaffen

Hier kann es sich um Leibrentenmodelle, freies Wohnen auf Lebenszeit, partielle Mithilfe im Betrieb, um die Enkel kümmern, in der Küche helfen etc. handeln. Auch eine Beschäftigung kann Wunder wirken:

> *„Die Mutter ist kein Problem, da mache ich mit meiner Freundin noch g´schwind ein Baby, dann hat sie genug zu tun mit einem Enkelkind. Sie freut sich außerdem, dass sie rauskommt, sie will ganz weg, das ist für sie okay. Bei der Übergabe schicke ich die Eltern für ein paar Monate weg, die Gäste sollen es mitkriegen, dass sich da was verändert."*

Wir haben diesen Punkt ja schon beim Übergeber besprochen, er ist aber auch vonseiten des Übernehmers behutsam zu behandeln. Die Eltern fallen oft in ein tiefes Identifikationsloch, das zu jeder Menge Probleme führen kann. Ein vorsichtiger Umgang mit dem Thema kann das vermeiden helfen.

Der richtige Lebenspartner

Heute hat sich die Gesellschaft merklich verändert, es gibt jede Menge Singles und Lebensgemeinschaften, in denen die Partner sehr unterschiedliche berufliche Wege gehen. Gerade in manchen Branchen, z.B. in der Gastwirtschaft, wird der Job allein schwierig, wie eine Übergeberin schildert:

> *„Das Problem ist, dass einer allein den Betrieb nie schaffen kann, man muss zu zweit sein, einen Partner haben. Eine Gastwirtschaft ist auch sehr familienfeindlich! Für meine Tochter wäre es sehr schwierig mit den kleinen Kindern!"*

Der richtige Partner ist sehr wichtig, meint ein junger Übernehmer:

> *„Ich brauche meine Frau, allein habe ich keine Chance. Vor allem ist es wichtig, dass der Partner ein anderer Typ ist, das ist bei uns ideal, sie ist sehr agil und Realist, ich bin mehr ruhig und der Visionär."*

Die Übernahme der Mitarbeiter

Dies muss auf beiden Seiten geklärt sein, die Mitarbeiter haben ein Recht auf Information. Wichtig ist auch, sich die Loyalität der älteren Mitarbeiter zu sichern, meint eine Übernehmerin:

> *„Wir haben viele Mitarbeiter, die sehr lange im Unternehmen da sind. Da hat man die für Familienunternehmen typische Loyalität. Es war noch nichts übergeben und da haben alle mitgeholfen – bis zur untersten Ebene. Im Großen und Ganzen hat der Tod meines Vaters die Bindung untereinander und die Loyalität zum Unternehmen gestärkt. Ein bis zwei haben von sich aus gekündigt (die haben ihren Konflikt mit mir so ausgetragen). Ich kenne seit dem Begräbnis meines Vaters jeden Mitarbeiter im Haus. Das hat mir sehr geholfen."*

Die Kommunikation der Übernahme

Die Lieferanten, Kunden und Leistungspartner müssen über die Übernahme aufgeklärt werden, idealerweise durch den Übernehmer gemeinsam mit dem Übergeber.

Gute externe Beratung

Dies wäre für einen Übergabeprozess wichtig, berichteten mir viele Übergeber und Übernehmer. Ich kann dem nur zustimmen, denn die vielfältigen Aufgaben in einem solchen Schritt verlangen Fachkompetenz, die man, Gott sei Dank, zukaufen kann und sich nicht selbst erarbeiten muss:

> *„Ich glaube, dass die Übergaben vor allem wegen völliger Überforderung der Übernehmer scheitern: Sie sind nicht fit, nicht kompetent und wollen nicht übernehmen. In diesem Prozess fände ich eine systematische psychologische Unterstützung sehr wichtig und richtig. Das ist die entscheidende Sache: Wie viel kann ich schaffen? Wie sehr bin ich abhängig von etwas? Unternehmerisches Risiko ist eben beängstigender, als in einem Angestelltenverhältnis zu arbeiten. Das erhöht den Druck zu versagen und löst Existenzängste aus. Hier müsste man ansetzen bei einer Beratung. Mittlerweile haben wir ein Coaching in Anspruch genommen, und zwar von einer Unternehmensberaterin, mit der meine Mutter schon seit 12 Jahren zusammenarbeitet, zunächst im Bereich des Controlling. Wir hatten vier bis fünf Termine und es ist viel herausgekommen: Vorbereitung der Geschäftsführung, Klärung von Erwartungen, Verpflichtungen etc. Das alles ist erarbeitet, niedergeschrieben und an alle kommuniziert worden (Lieferanten, Mitarbeiter, Kooperationspartner, Banken etc.).“*

Ausstiegsszenarien

Der letzte Punkt in der langen Liste ist nicht der unwichtigste: Wie kommt man wieder raus, wenn die Übernahme nicht klappt? Diese Frage stellen sich viele Übernehmer nicht oder zu spät. Das ist nur zu verständlich, man will schließlich seine Energien auf die kommende Aufgabe konzentrieren und nicht jammern, was alles schiefgehen könnte. Trotzdem bietet ein Ausstiegsszenario die notwendige Sicherheit und somit auch die notwendige Freiheit, wie ein Übernehmer betont:

> *„Wenn ich die Übergabe als ein Projekt, als einen Prozess betrachte, dann muss es Ausstiegsszenarien und Alternativen geben. Wir haben einige Ausstiegsszenarien entwickelt. Das war sehr angenehm. Sonst gibt es nämlich keine Wahlmöglichkeiten und das engt ein."*

DER WERKZEUGKOFFER

Liebe Enkelin!
Nun fehlt noch der Werkzeugkoffer, der dir im Übernahmeprozess helfen soll. Er enthält Werkzeuge verschiedenster Art, sodass du das jeweils Passende finden kannst.

Die **Checkliste 1** ist die wichtigste, sie ist eigentlich ein Fragebogen, der dir helfen soll, keine Details beim Übergabe-/Übernahmeprozesses zu vergessen.

Die **Checkliste 2** kannst du verwenden, um eine erfolgreiche Übernahme auch als solche einzustufen, d.h., sie im Nachhinein zu überprüfen.

Checkliste 1: Fragen an Übergeber und Übernehmer

Nicht alle Fragen sind für alle Übernehmer oder Übergeber gleich wichtig, sie sollten jedoch alle beantwortet werden. Es ist auch möglich, die Liste gemeinsam mit einem Berater durchzuarbeiten. Auch wenn du keine externe Hilfe brauchst, hilft dir die Beantwortung der Fragen sicherlich weiter.

Die Fragen sind gemischt – und das ganz bewusst. Sie betreffen oft den Übergeber, den Übernehmer oder beide. Es wäre sehr sinnvoll, wenn sich beide Seiten alle Fragen ansehen, denn so können sie ein Gefühl dafür entwickeln, vor welchen Schwierigkeiten der jeweils andere steht. Die Frage „Wie kann ich als Übergeber finanziell bis an mein Lebensende abgesichert sein?" betrifft z.B. auf den ersten Blick den Übergeber, de facto spielt sie aber auch für den Übernehmer eine Rolle, denn wenn etwa Leibrentenmodelle ausgehandelt werden müssen, dann ist dieser Punkt durchaus für den Prozess relevant.

„Je länger der Kunde braucht, desto einschneidender war die Frage", das hält Sonja Radatz, systemische Organisationsberaterin, für ein Qualitätskriterium für systemische Fragen. Merkmale dafür sind:

- Es sind offene Fragen.
- Sie bringen die Kunden zum Denken.
- Sie fokussieren sich auf das „Innen" und nicht auf das „Außen".
- Sie sind niemals Suggestiv-Fragen.
- Sie lassen die Antwort offen.
- Sie sind häufig Gegenfragen. (Vgl. Kaweh: 2005, S. 259)

Die nun folgende Liste habe ich mit offenen und geschlossenen Fragen gestaltet. Sie ist bewusst etwas ungeordnet, denn man kann zuvor nie wissen, welche der Fragen relevant sind und welche nicht. Bei Unklarheit über die Bedeutung einer Frage lies bitte noch einmal weiter oben nach.

1. Wer hat das Unternehmen wann gegründet?

   ____

2. Aus welchen Motiven wurde die Firma gegründet?

   ____

3. In der wievielten Generation befindet sich das Unternehmen?

   ____

4. Wie viel liegt dir am Fortbestand des Unternehmens?

___

5. Wie ist die Struktur des Unternehmens gewachsen?

___

6. Welche Form hat das Unternehmen vor der Übergabe/nach der Übergabe?

___

7. Wer sind die Nachkommen?

___

8. Gibt es am Unternehmen interessierte „Angeheiratete"?

___

9. Wem steht das Erbe zu?

___

10. Welche alternativen Betätigungsfelder hast du als Übergeber für die Zeit nach deinem Ausstieg aus dem Unternehmen?

___

11. Ab wann musst du dich um neue Aufgabengebiete kümmern?

___

12. Welche Träume (auch von früher) hast du als Übergeber?

___

13. Ist der Widerspruch von Veränderung versus Bewahren erkannt und wie soll damit umgegangen werden?

___

14. Wie lange beschäftigst du dich schon mit dem Thema Unternehmensnachfolge?

___

15. Gibt es tatsächlich einen Wunsch nach einer Übergabe/Übernahme?

___

16. Gibt es eine konkrete Notwendigkeit zur Übergabe/Übernahme?

___

17. Ist die Übergabe/Übernahme bereits initiiert und geplant?

___

18. Aus welcher Motivation heraus möchtest du den Betrieb übergeben/übernehmen?

____

19. Wann ist voraussichtlich der richtige Zeitpunkt für die Übergabe/Übernahme?

____

20. Welche Erwartungen hast du als Übergeber/Übernehmer?

____

21. Wodurch bist du als Übergeber finanziell bis an dein Lebensende abgesichert?

____

22. Wie kommst du zu einem passenden Übernehmer?

____

23. Wie gehst du bei einem Verkauf vor?

____

24. Welche Steuervorteile hast du bei einer familieninternen Weitergabe zu berücksichtigen?

____

25. Ist es möglich, eine Art „Familienrat" zu gründen, in dem die wichtigen Fragen der Übergabe/Übernahme offiziell besprochen und beschlossen werden?

____

26. Wurde genügend in das Unternehmen investiert, sodass der Übernehmer eine gesunde Basis vorfindet – sofern das möglich ist?

____

27. Gibt es Neid und Missgunst innerhalb der Verwandtschaft wegen der Aufteilung des Betriebs?

____

28. Gibt es einen anderen „Familienzwist", der die Übergabe/Übernahme erschwert?

____

29. Wer kann helfen, diesen „Familienzwist“ beizulegen?

30. Sind alle Beteiligten mit dieser Hilfe einverstanden?

31. Wird diese Hilfe auch genutzt?

32. Sind die Eigentumsverhältnisse in der Familie geklärt und ausgesprochen?

33. Kann und/oder soll der Betrieb von der Familie getrennt werden? Wenn ja, dann wie?

34. Was muss getan werden, damit das „Lebenswerk“ des Übergebers (der Familie) in guten Händen ist?

35. Wie sieht deine Vision als Übergeber aus?

36. Wie sieht deine Vision als Übernehmer aus?

37. Passen die Visionen von Übergeber und Übernehmer zueinander?

38. Wie soll die Übergabe erfolgen? Entgeltlich oder unentgeltlich?

39. Was genau soll übergeben/übernommen werden?

40. Welchen Wert hat das Unternehmen?

41. Worin besteht die „Gabe“ des Übergebers/die „Gegengabe“ des Übernehmers?

42. Was wird dich die Übergabe/Übernahme kosten?

43. Ist der pekuniäre Preis des Unternehmens ausgehandelt?

44. Welchen „Preis“ (nicht nur pekuniär) zahlst du als Übergeber/Übernehmer?

45. Bist du dazu bereit?

46. Wie soll die Übergabe ablaufen?

47. Wird die Übergabe ein radikaler Schnitt sein?

48. Wird es eine Übergabeperiode geben?

49. Wie lange soll diese Übergabeperiode voraussichtlich dauern?

50. Wie könnte die Übergabe symbolisch begleitet werden?

51. Wie lange bleibt der Übergeber noch im Betrieb?

52. In welcher Funktion bleibt der Übergeber noch im Betrieb?

53. Welche Art von Übergabeplan (kurzfristig, langfristig) gibt es bereits?

54. Welche Aspekte sind im Übergabeplan (Integrationsplan, Führungsübergabeplan, Eigentumsübergabeplan u.Ä.) bereits berücksichtigt worden?

55. Nach welchen Kriterien wird ein möglicher Übernehmer ausgesucht?

56. Soll das Unternehmen familienintern, betriebsintern oder extern übergeben werden?

57. Gibt es bereits am Unternehmen interessierte Übernehmer?

58. Gibt es bereits einen geeigneten Nachfolger, dem man die Weiterführung des Unternehmens auch zutraut?

59. Wer von den möglichen Übernehmern ist am besten geeignet und warum?

60. Was muss ein Übergeber/Übernehmer tun, damit er übergeben/übernehmen kann?

61. Sind alle privaten Schwierigkeiten entsprechend bearbeitet?

62. Sind alle organisatorischen Schwierigkeiten entsprechend bearbeitet?

63. Ist die Übergabe/Übernahme gut vorbereitet?

64. Kann die Übergabe „in einem Stück" erfolgen, d.h., kann der Betrieb als Ganzes übergeben werden?

65. Muss der Betrieb – etwa aus Erbschaftsgründen – vorher zerstückelt werden?

66. Welche Auswirkungen hat das?

67. Bleibt der Betrieb nach der Übergabe/Übernahme überlebensfähig?

68. Gibt es einen guten Steuerberater?

69. Sind alle Beteiligten mit seiner Hilfe einverstanden?

70. Wird dieser Experte auch herangezogen?

71. Wenn ja, wann?

72. Gibt es einen guten Rechtsanwalt?

73. Sind alle Beteiligten mit seiner Hilfe einverstanden?

74. Wird dieser Experte auch herangezogen?

75. Wenn ja, wann?

76. Gibt es einen guten Notar?

77. Sind alle Beteiligten mit seiner Hilfe einverstanden?

78. Wird dieser Experte auch herangezogen?

79. Wenn ja, wann?

80. Gibt es sonstige andere externe Berater, die genutzt werden?

81. Wenn ja, welche?

82. Wenn ja, wofür?

83. Wenn ja, wann?

84. Sind alle Beteiligten mit deren Hilfe einverstanden?

85. Welche Angebote bzw. Anreize zur Übernahme gibt es vonseiten des Übergebers an den Nachfolger?

86. Auf welcher Basis übernimmt der Nachfolger den Betrieb?

87. Welche Motivation/en hat der Übernehmer, sich den schwierigen Prozess der Übernahme bzw. die Fortführung der Firma „anzutun“?

88. Hat der Übernehmer eine freie Wahl in Bezug auf die Übernahme?

89. Hat der Übernehmer einen Lebenspartner?

90. Ist ein Lebenspartner für die geplante Übernahme sinnvoll und/oder notwendig?

91. Welche Form der Verpflichtung gegenüber den Alten geht der Junge ein?

92. Würdigt der Nachfolger die Leistungen des Übergebers?

93. Welche neuen Ideen gibt es, um den Betrieb weiterzuführen oder zu verbessern?

94. Was will der Übernehmer bewahren?

95. Was will der Übernehmer verändern?

96. Muss der Übernehmer die Altersversorgung des Übergebers übernehmen?

97. Kann ein Modell der „Leibrente“ funktionieren?

98. Gehört der Betrieb nach der Übergabe dem Übernehmer?

99. Kann der Übernehmer damit tun, was er will?

100. Gibt es einen Business-Plan und wie sieht dieser aus?

101. Wer könnte den Business-Plan noch einmal kompetent überprüfen bzw. hinterfragen?

102. Welche Ideen bringt der Übernehmer von seiner bisherigen Tätigkeit mit, z.B. aus den Wander- und Lehrjahren?

103. Wie passen diese Ideen in den bestehenden Betrieb?

104. Ist hier Streit voraussehbar? Wenn ja, worum?

105. Wie sieht der „eigene Platz" aus, den sich der Übernehmer schaffen muss?

106. Worin unterscheidet sich der Platz des Übernehmers vom Platz des Übergebers?

107. Wofür wird der Junior gebraucht?

108. Kann sich der Junior – sofern er nicht gleich den Betrieb als Geschäftsführer übernimmt – entsprechend ins System unterordnen?

109. Gibt es Ausstiegsszenarien für den Übernehmer und wie sehen diese aus?

110. Sollte der Übergeber dem Übernehmer nach der Übernahme noch zur Verfügung stehen?

111. In welcher Form sollte der Übergeber dem Übernehmer nach der Übergabe noch zur Verfügung stehen?

112. Wie lange sollte der Übergeber dem Übernehmer nach der Übergabe noch zur Verfügung stehen?

113. Was soll nach einer Übergabe für den Übergeber/Übernehmer erreicht sein?

114. Woran werden alle Beteiligten merken, dass eine Übergabe/Übernahme erfolgreich war?

115. Sind die Vereinbarungen klar und eindeutig?

116. Liegen die Vereinbarungen in schriftlicher Form vor?

117. Sind die zukünftigen Rollen klar verteilt?

118. Weiß jeder, was er in Zukunft zu tun hat?

119. Bekommen die Familienmitglieder irgendwelche Vergünstigungen im Gegensatz zu anderen Mitarbeitern? Und wenn ja, welche?

120. Ist die Entlohnung für Familienmitglieder anders als die für andere Mitarbeiter?

121. Welche Loyalitäten gibt es auf beiden Seiten? Wem gegenüber? Wie sieht das mit den Mitarbeitern aus?

122. Was braucht ein Nachfolger, um für seine (Führungs-)Tätigkeit gut vorbereitet zu werden?

123. Wie kann ein Nachfolger gut in den Betrieb hineinwachsen und sich bewähren?

124. Gibt es eine Notwendigkeit zur Veränderung?

125. Was genau möchte der Übernehmer verändern?

126. In welchem Zeitraum sollen die Veränderungen abgeschlossen sein?

127. Gibt es eine Notwendigkeit zur Umstrukturierung?

128. Welche Umstrukturierungen sollen vorgenommen werden?

129. In welchem Zeitraum sollen die geplanten Umstrukturierungen abgeschlossen sein?

130. Welche Forderungen gibt es aufseiten des Übernehmers?

131. Welche symbolischen Akte sind für die Übergabe (davor – während – danach) vorgesehen?

132. Sind die Mitarbeiter in den Übergabeprozess eingebunden? Wenn ja, wie?

133. Wie stehen die Mitarbeiter zu der Übergabe?

134. Wer denkt an die Kunden?

135. Wer denkt an die Lieferanten?

136. Wie wird die Übernahme nach außen kommuniziert?

137. Empfiehlt sich für den Übernehmer ein Standortwechsel?

138. Was macht der Übergeber nach der Übergabe?

Checkliste 2: Woran erkennt man eine erfolgreiche Übernahme/Übergabe?

Der Übergabe-/Übernahmeprozess dauert manchmal sehr lange und manchmal nur ganz kurz, je nach Firma, Branche, Familienstrukturen etc. Es ist oft sehr nützlich und hilfreich, wenn sich ein Unternehmen auch noch nach der Übernahme von externen Spezialisten begleiten lässt. Die Folgen und Spätfolgen können so reflektiert, verstanden und konstruktiv in den Entwicklungsprozess der Firma eingebaut werden.

Die folgenden Merkmale müssen nicht alle zutreffen, man sollte sie jedoch nach einiger Zeit durchchecken. Ich habe sie mit Zitaten aus meinen Gesprächen versehen und danach noch eine genaue Checkliste angehängt.

- Alle Beteiligten fühlen sich gerecht behandelt:

  „Ich glaube, es ist wichtig, dass eine Übergabe familiär und friedlich abgeht, dass niemand auf der Strecke bleibt und sich alle gerecht behandelt fühlen."

- Das Verhältnis zwischen den Generationen bleibt gut oder verbessert sich sogar:

  „Natürlich soll es innerhalb der Familie weiterhin harmonisch sein."

  „Ich gehe weiterhin zu meinem Papa und frage ihn um Rat."

  „Gute Tipps und Ratschläge werden von allen angenommen und auch umgesetzt."

- Alle Beteiligten können gut leben:

  „Ich lebe gut von dem, was mein Vater aufgebaut hat. Und mein Vater hat für seine Zukunft selbst ausreichend vorgesorgt. Für mich ist es gut, nicht die Verpflichtung für die Altersversorgung meiner Eltern zu tragen."

  „Mein Neffe sagt: ‚Ich bin zufrieden mit dem Umsatz', den er aus meinem Betrieb erwirtschaftet."

- Steuerersparnis – eventuell vorhandenes Wachstumspotenzial kann ausgeschöpft werden, dazu kommt noch Stabilität in der Firmenstruktur:

  „Mir geht es darum, für die Übernahme so wenig Steuern wie möglich zu zahlen. Für mich ist die Übernahme dann erfolgreich gewesen, wenn das Unternehmen weiterhin gut funktioniert oder sogar wächst."

„Für mich ist es wichtig, dass hier klare Strukturen herrschen, die auch eingehalten werden.“

„Ein konstantes Weiterführen des Geschäftes, d.h. xy Umsatz/Monat ohne Schwankungen.“

- Eine klare Trennlinie zwischen altem und neuem Management:

  „Ich empfehle jedem eine klare Trennlinie zwischen altem und neuem Management, weil die Angestellten ja beide Seiten kennen. Das war bei uns nicht so schwierig, weil mein Bruder gute Argumente für die Veränderungen hatte. Die Durchsetzung ist natürlich schwierig, vor allem dann, wenn die Mitarbeiter älter sind und hin und wieder versuchen, über den Vater Einfluss zu nehmen.“

- Der Übernehmer kann sich und seine Ziele verwirklichen:

  „Als Übernehmer suche ich mir etwas aus, wo ich Potenzial sehe. Nach etwa einem halben Jahr möchte ich dann mit der Umsetzung meiner Ideen beginnen. Meine Vision war immer, nach den Sternen zu greifen, um am Mond anzukommen. Ich habe viel gesehen, was nicht funktioniert. Jetzt wird sich zeigen, ob ich selber was auf die Beine stellen kann. Ich werde vieles anders machen und meine eigenen Ziele verwirklichen.“

- Alle relevanten Informationen sind mit übergeben worden.

  „Für mich war es damals ein Schock, als ich erkannt habe, dass der Betrieb meiner Mutter wirtschaftlich so schlecht dastand. Nicht einmal wir Kinder wussten davon. Das war nicht nur ihre Schuld. Es war auch einfach der Wandel, der nicht leicht zu managen war. Mir ist jedenfalls wichtig, dass ich meinen Kindern gegenüber offen bin und sie finanziell nicht belaste, wenn ich den Betrieb irgendwann an sie übergebe.“

- Die Kunden akzeptieren die Übernahme:

  „Ein möglicher Kardinalfehler vieler Übernehmer ist, dass sie den Kunden viel zu viel zumuten, indem sich der Übergeber viel zu schnell zurückzieht und die Übernehmer zu schnell im Betrieb etwas verändern wollen. ‚Alles neu machen' ist keine Übernahme, das ist eine Zumutung für die Kunden: Plötzlich ist da eine andere Person und alles schaut noch dazu anders aus. Das führt garantiert zum Wegfall der bestehenden Kunden.“

„Natürlich gibts vonseiten der Patienten einen Druck, der da lautet: ‚Schauen wir uns den Neuen doch mal an.' Es kann also sein, dass man einen Teil der alten Kunden verliert. Man muss sich sowieso als Übernehmer seinen eigenen Kundenstock aufbauen."

- Die Mitarbeiter bleiben und sind zufrieden:

  „Wir haben viele Mitarbeiter, die schon sehr lange im Unternehmen sind. Da hat man die für Familienunternehmen typische Loyalität."

- Es bleibt keine erkennbare Last zurück:

  „Wenn man gemeinsam an einem Tisch sitzt und alle Probleme offen bereden kann, wenn es ein Miteinander gibt und man alles – ohne Vorwürfe – bespricht: Dann ist eine Übergabe geglückt."

- Es gibt keine Verlierer:

  „Seit der Übergabe ist es für mich leichter geworden. Dass ein Betrieb weitergeführt wird, ist das Ziel jeder Übergabe. Doch die Zeiten ändern sich. Es kann also auch Schwierigkeiten geben. Wichtig ist, dass sich keiner als Verlierer fühlt."

  „Die Übernahme ist erfolgreich, wenn sich keiner über den Tisch gezogen fühlt und alle zufrieden sind."

- Der Blick ist nach vorn gerichtet:

  „Ich möchte diesen Weg gern weitergehen. Ich möchte das Unternehmen ins 100. Jahr führen. Das würde mich mit großem Stolz erfüllen."

  „Zu spüren, dass das Unternehmen bei den Kindern in guten Händen ist und dass es gut weitergeht – das ist für mich eine geglückte Übergabe/Übernahme."

Ähnlich wie bei der ersten Checkliste sind auch hier offene und geschlossene Fragen gemischt. Sie sind für Übergeber und Übernehmer interessant, denn so erfährt man, mit welchen Fragen die jeweils andere Seite zu kämpfen hat:

1. Fühlen sich nach der Übergabe/Übernahme alle übrigen Familienmitglieder gerecht behandelt?

2. Hat sich die Eltern-Kind-Beziehung bzw. die Beziehung unter den Geschwistern verschlechtert, verbessert oder hat sich nichts verändert?

3. Wie gut funktioniert auch nach der Übergabe/Übernahme das Familiennetzwerk?

4. In welcher Funktion/Rolle steht der Übergeber dem Übernehmer auch nach der Übergabe zur Verfügung?

5. Funktioniert diese neue Rollenverteilung für alle? (Betroffene, Familie, Mitarbeiter, Kunden, Lieferanten etc.)

6. Gibt es eine klare Trennung zwischen altem und neuem Führungsstil?

7. Wurden (erfolgreich) Strukturen geschaffen, die Eigentum und Geschäftsführung auseinanderhalten?

8. Gab es nach der Übergabe/Übernahme familieninterne Streitigkeiten bzgl. der Unternehmensziele?

9. Läuft der Betrieb seit der Übergabe/Übernahme besser, schlechter, gleich?

10. Konnte das Unternehmen seit der Übergabe/Übernahme seine Umsätze steigern? Und wenn ja, um wie viel?

11. Haben sich durchgeführte Veränderungen positiv für das Unternehmen bzw. auf deren Kennzahlen ausgewirkt? Wenn ja, welche und worauf?

12. Rechnen sich die Investitionen bereits? Wann wird das der Fall sein?

13. Welche Veränderungen haben Investitionen für das Unternehmen gebracht?

14. Wie wurde die Übergabe/Übernahme von den Kunden aufgenommen?

15. Wurden die bestehenden Kunden vom Übernehmer gut informiert?

16. Wurden neue Kunden oder auch Kundensegmente seit der Übergabe/Übernahme erschlossen?

17. Wie wurde die Übergabe/Übernahme von den Lieferanten aufgenommen?

18. Wurden die bestehenden Lieferanten vom Übernehmer ausführlich informiert?

19. Wurden neue Lieferanten seit der Übergabe/Übernahme gewonnen?

20. Hat sich seit der Übernahme/Übergabe Ihre persönliche Situation verbessert, verschlechtert oder ist sie gleich geblieben?

21. Hat sich seit der Übernahme/Übergabe Ihre gesundheitliche Situation verbessert, verschlechtert oder ist sie gleich geblieben?

22. Haben sich seit der Übernahme/Übergabe Ihre Beziehungen und Ihr Familienleben verbessert, verschlechtert oder hat sich nichts geändert?

23. Stimmt der Ausgleich, den Sie durch das Führen des Unternehmens bekommen, (noch) für Sie?

24. Würden Sie (heute) nochmals dieselbe Entscheidung treffen?

25. Wenn Sie sich (heute) gegen eine Übernahme entscheiden würden, was würden Sie tun?

Der gute Prozess

Liebe Enkelin, zum Übergabeprozess findest du ausreichend Literatur und somit unterschiedliche Einteilungen und Begriffe. Ich beschränke mich hier auf den Übergabeprozess nach Prof. Dr. Johann Risak. Doch auch Wolfram Gruhler oder das Expertenteam Christian Fritz, Katja Schauer und Klaus Augustin haben sich mit diesem Thema beschäftigt.

Der Begriff „Nachfolge“ beschreibt einen Prozess von Übergabe und Übernahme. Dieser kann familienintern, betriebsintern durch langjährige Mitarbeiter oder durch Externe erfolgen. In allen Fällen ist es wichtig, dass sowohl der Übergeber als auch der Übernehmer darüber nachdenken, wie sie diesen Prozess gestalten wollen. Schließlich tragen sie beide Verantwortung dafür, dass er für das Unternehmen und alle Beteiligten erfolgreich verläuft.

Johann Risak und Ronald Nagy unterteilen in ihrem Buch „Generationennachfolge in Familienunternehmen“ (Risak/Nagy 1999) den Übergabeprozess in vier aufeinander folgende Phasen. Diese Einteilung ist sehr beliebt und somit weit verbreitet:

1. In der **Nebelphase** wird die Übergabeproblematik noch gar nicht richtig wahrgenommen bzw. nur unbewusst vom potenziellen Übernehmer „gespürt“. Diese Phase endet mit einem auslösenden, manchmal überraschenden Moment. Erinnere dich an das Beispiel, wo mir ein Übernehmer berichtet hat, wie der Herzinfarkt des Lebensgefährten seiner Tante der Auslöser für die Übergabe war. Ab so einem Zeitpunkt beschäftigen sich dann der Übergeber, der potenzielle Übernehmer und die Familie bewusst mit der Thematik der Übergabe.
2. In der **Vor-Übergabe-Phase** werden Gespräche innerhalb der Familien und mit Rechtsanwälten, Steuerberatern oder anderen Beratern geführt. Der Übernehmer wird familienintern vom Übergeber ausgewählt, ein Familienvertrag aufgesetzt und die Übergabe sorgfältig geplant und vorbereitet.
3. Die **Übergabephase** bedeutet die Umsetzung des ausgearbeiteten Übergabeplans. Vorsichtige Unternehmer haben meist zwei solcher Pläne, einen kurzfristigen Nachfolgeplan zumindest für den ersten Monat und einen langfristigen – oft über mehrere Jahre.
4. Der **kurzfristige Nachfolgeplan** besteht für einen Krisenfall. Dieser wird meist vom Übergeber selbst erstellt für den Fall einer unvorhergesehenen Geschäftsunfähigkeit, z.B. den plötzlichen Todesfall. Er enthält:

- Angaben, wo sich wichtige Schlüssel und Dokumente befinden und wer darauf Zugriff hat bzw. in Zukunft haben soll.
- Vorschläge für die Weiterführung des Unternehmens.
- Empfehlungen für einen geeigneten Nachfolger bzw. die Nachbesetzung von Schlüsselpositionen.
- Empfehlungen, welche externen Berater in den Übernahmeprozess einbezogen werden sollen.

Dieser Plan erleichtert der Familie und dem potenziellen Nachfolger eine rasche Übernahme. Er muss natürlich jährlich – am besten gemeinsam mit der Familie und einem externen Berater – aktualisiert werden.

Der langfristige Übergabeplan ist das schon erwähnte Ergebnis der Vorübergabephase und teilt sich in mehrere Detailpläne:

- Der Integrationsplan regelt den Einstieg und das Hineinwachsen des Übernehmers in den Betrieb.
- Der Führungsübergabeplan steckt den Zeitrahmen ab, in dem kontinuierlich vom Übergeber Verantwortung an den Übernehmer abgegeben wird.
- Der Eigentumsübergabeplan regelt, in welcher Weise, zu welchem Zeitpunkt und an wen die Anteile am Unternehmen übertragen werden.

Die Übergabephase dient der Einarbeitung des Übernehmers und endet, wenn die Übergabe in allen definierten Teilbereichen erfolgt ist.

Die **Nach-Übergabe-Phase** dient der Kontrolle und Beobachtung einer vorangegangenen Übergabe und endet meist drei Jahre nach einer erfolgreichen Übergabe. Diese ist meist dann vollbracht, wenn der Fortbestand des Unternehmens sichergestellt ist.

Meiner Beobachtung nach kann sich so ein Nachfolgeprozess von nur einer Woche bis über mehrere Jahre erstrecken – abhängig von der Situation des Unternehmens, den Motiven der Übernahme, den innerfamiliären Spannungen u.Ä. Bei nahezu der Hälfte der befragten Familienbetriebe war es ein gutes Jahr. Auch wenn sich die Zeiten heute massiv beschleunigt haben, erscheinen mir drei bis fünf Jahre realistisch.

Der richtige Berater

Wenn einem Übergeber in der Nebelphase der anstehende Generationswechsel bewusst wird, werden in den folgenden drei Phasen meist unterschiedliche Beratungsleistungen genutzt. Oft kann hier gerade ein externer Berater helfen und sozusagen eine „Objektivierungsgeschichte" einschieben.

Betriebswirtschaftliche und familiäre Prinzipien sind oft so verknüpft, dass der Knoten, in den man selbst verwoben ist, nicht gelöst werden kann. Dies ist aber dringend notwendig, um der Firma einen sicheren Stand zu ermöglichen. Wenn steuerliche bzw. finanzielle Fragen offenbleiben, weil sie entweder gar nicht erkannt oder nicht diskutierbar sind, kann dies zum Scheitern im Übergabeprozess führen.

Wer sind die **Spezialisten**? In welcher **Intensität** und **Reihenfolge** brauche ich sie? An wen wende ich mich? Diese und ähnliche Fragen werden sich Übergeber wie Übernehmer gleichermaßen stellen. Und natürlich gibt es auch hier wieder keinen allgemeingültigen Rat. Meine Gespräche haben jedoch gezeigt, dass gewisse Beratungsleistungen häufiger als andere genutzt werden:

- Steuerberater
- Familie
- Freunde bzw. Kollegen aus der Branche
- Wirtschaftskammer
- Hausbank
- Rechtsanwalt
- Notar
- Andere Berater wie z.B. Organisationsentwickler als Mediator, Moderator, Coach etc.

Die Intensität wird jedoch von Unternehmen zu Unternehmen verschieden sein. Aus meinen Gesprächen weiß ich, dass in den meisten Fällen zwei unterschiedliche Beratungsleistungen beansprucht werden; meist eine Kombination aus informellen und professionellen Beratern.

GLOSSAR

Die verschiedenen Werkzeuge sind hier alle nur kurz und oberflächlich in einem Glossar dargestellt, vielleicht schreibe ich ein zweites Buch, in dem ich diese Aspekte näher beleuchte – du kannst dich bei Bedarf ja bei mir melden!

Die einzelnen Methoden wie Aufstellungsarbeit, Coaching, Konfliktmanagement und Mediation, Moderation und Supervision untereinander abzugrenzen ist eine große Herausforderung.

Babak Kaweh hat hier aber große Vorarbeit geleistet und viele der Begriffe bereits zusammengetragen. Insofern stützen sich die folgenden Ausführungen u.a. auch auf sein Buch (Kaweh, Babak: Das Coaching-Handbuch. Für Ausbildung und Praxis, VAK-Verlag, 2005).

Aufstellungsarbeit

Ein wichtiges Werkzeug ist die Arbeit mit systemischer Struktur- und Organisationsaufstellung. Dieses Fachgebiet ist noch relativ neu und nicht vielen deiner Kunden bekannt – und wenn, dann meist nur vom Hörensagen. Ich empfehle es deswegen, weil es sehr tief in die Strukturen eindringt und ein sehr kräftiges Werkzeug ist – vorausgesetzt man lässt die Arbeit durch einen Profi machen, denn wie fast überall gibt es auch hier Scharlatane.

Das Ziel einer Organisationsentwicklung, die mit der Methode der systemischen Strukturaufstellung arbeitet, besteht darin, systemische Verstrickungen zu erkennen, kontraproduktive Verhaltensstrategien (des gesamten Systems) zu entstören, um dadurch letztendlich bessere Handlungsoptionen zu entwickeln. Im Kern geht es darum, ein System zu unterstützen, seine **Verstrickungen zu erkennen und aus eigener Kraft Lösungs- und Entwicklungsstrategien zu generieren.**

Familien und Organisationen sind dynamische Systeme, in denen sich verschiedene Abteilungen, Gruppen, Individuen auf eine bestimmte Weise zueinander verhalten. In solchen Systemen wirken die „Ordnungsprinzipien" Bindung, Ordnung und Ausgleich. Wenn das Gleichgewicht einer dieser Voraussetzungen gestört ist, hat das sowohl auf das Wohlbefinden der Systemmitglieder als auch auf die Effektivität dieses Systems einen beträchtlichen und oft schädlichen Einfluss.

Bei der Aufstellungsarbeit handelt es sich um eine Form von **Gruppensimulationsverfahren**, d.h., eine Gruppe von Menschen – die, bis auf den „Anliegenbringer", dem aufzustellenden System in der Regel nicht angehören – kommt an einem Ort zusammen, um anhand dieser Methode ein bestimmtes Thema zu bearbeiten. Hierfür werden die diversen Schlüsselfiguren und Teile der zu bearbeitenden Situation durch den „Anliegenbringer" unter Anleitung eines Aufstellungsleiters im Raum nach einer bestimmten Vorgehensweise aufgestellt. Dabei kommt es zum Phänomen der „repräsentierenden Wahrnehmung", wodurch rasch tiefere Zusammenhänge bzw. für das System förderliche sowie behindernde Aspekte deutlich werden.

In der eigentlichen Aufstellung wird ein „inneres Bild", das ein ganzheitliches und tendenziell vorbewusstes ist, „veräußert", indem seine Elemente im Raum mittels Repräsentanten aufgestellt werden. Durch die Bearbeitung dieses Bildes erfolgt seine Veränderung in Richtung einer guten Lösung, die der Anliegenbringer danach wieder in sich aufnimmt.

Ich kann hier die Aufstellungsarbeit nicht umfassend darstellen. Wer dafür Interesse hat, sei auf die Publikationen von Mathias Varga von Kibéd und Insa Sparrer, Gunthard Weber, Bert Hellinger u.a.m. verwiesen.

Der konkrete Nutzen von Strukturaufstellungen im Organisationsbereich besteht nicht nur im unmittelbaren **Erkenntnisgewinn**, sondern auch im **Interventionscharakter** dieser Methode. So wird durch Sichtbarwerden der Dynamik des aufgestellten Systems dieses einer Analyse zugänglich gemacht. Sie eröffnet einen Einblick in die bestehenden und möglichen Beziehungsmuster (Koalitionen, Ausgrenzungen, Machtmissbrauch), die damit einhergehenden Befindlichkeiten und deren Zusammenhänge. Die Erkenntnisse, die der Anliegenbringer daraus ableitet, können als Hilfestellung bei wichtigen Entscheidungen dienen.

Bei Fragen zur Unternehmensführung geht es z.B. darum, Klarheit über Ziele und Aufgaben der Organisation (wieder) zu erlangen oder historische Altlasten zu erkennen (z.B. Nicht-Würdigung Ausgeschiedener).

Bei Personalfragen geht es etwa darum, den passenden Mitarbeiter für eine Position zu finden oder nachzubesetzen, oder darum, die optimale Teamzusammensetzung für die Bewältigung von Projekten oder des alltäglichen Geschäfts zu gewährleisten.

Bei Fragen zur Mitarbeiterführung hilft die Aufstellungsarbeit, individuelle bzw. familiäre Kontexte hinter betrieblich relevanten Verhaltensmustern zu erkennen und geeignete Strategien in der Mitarbeiterführung zu entwickeln.

Bei Fragen zur persönlichen Orientierung und Positionierung kann die Methode helfen, Klarheit über den eigenen Platz im System zu bekommen oder etwa neue Perspektiven zu entwickeln und zu prüfen.

Für Fragen im Kontext von Familienbetrieben geht es etwa darum, die Ebenen von Familie und Unternehmen klarer zu trennen oder auch die Übergabe des Unternehmens von einer Generation in die nächste erfolgreich abzuwickeln.

Coaching

Coaching ist eine moderne und auch relativ preisgünstige Variante, sich bei anstehenden Problemen externe Hilfe zu holen. Babak Kaweh definiert es wie folgt:

„Coaching ist anlassbezogenes Lernen. Der Coach begleitet den Klienten bei der Realisierung eines Anliegens oder bei der Lösung eines Problems. Klient und Coach wählen sich wechselseitig und im Idealfall auf der Basis von Freiwilligkeit aus. Coaching gelingt (...) nur dann, wenn der Coach fähig ist, eine angemessene Beziehung zum Klienten aufzubauen. Beide müssen wirtschaftlich voneinander so unabhängig sein, dass die Beziehung im Notfall von beiden Seiten beendet werden kann. Dabei hat der Coach immer die größere Verantwortung als der Klient. Deshalb kann der Coach einen Klienten auch zurückweisen. Coaching verlangt vom Klienten Engagement und die Bereitschaft mitzuarbeiten. Der Coach begleitet den Lösungsprozess zeitlich begrenzt und bietet keine Ergebnisse an, sondern ermöglicht es dem Klienten, eigene Lösungen zu finden.“ (Kaweh 2005, S. 21)

Es gibt viele verschiedene Definitionen von Coaching, sie hier aufzuzählen würde den Rahmen sprengen. Ich darf dich bei deiner Suche an die International Coach Federation (ICF, www.coachfederation.de) oder an die European Coaching Association (ECA, www.european-coaching-association.de) verweisen. Auch der Österreichische Coaching-Dachverband (ACC, www.coaching-dachverband.at) und noch viele andere können entsprechende Auskünfte erteilen.

Konfliktmanagement bzw. Mediation

Konfliktmanagement wird als Begriff eher für die umfassende Bearbeitung eines oder mehrerer Konflikte in einem Unternehmen verwendet (Analyse und Lösung), während Mediation eher die konkrete Vermittlungsarbeit zwischen Streitgegnern bezeichnet.

Beide dienen der Vermittlung im Konfliktfall und sind hilfreich, wenn zerstrittene Parteien nicht mehr in der Lage sind, ohne Hilfe von außen eine Lösung zu finden. Der Mediator bzw. Konfliktmanager versteht sich dabei als neutraler, überparteilicher Dritter. Er unterstützt die beiden Parteien dabei, die Gefühle und Bedürfnisse, die hinter starren Streitpositionen liegen, zu erkennen und auszusprechen. Er regt die jeweils andere Partei an, dem Gegenüber zuzuhören, und hilft bei „Verständigungsschwierigkeiten" – sowohl inhaltlichen als auch emotionalen – ohne jedoch selbst inhaltlich Einfluss zu nehmen.

Der Mediator stellt den geschützten Rahmen bereit, in dem offener Austausch und gegenseitiges Verstehen möglich wird. Wertschätzung den beteiligten Personen gegenüber und der vertrauliche Umgang mit dem, was in der Mediation besprochen wird, bilden zusammen mit Kommunikations- und Prozesssteuerungsfähigkeiten die Grundlagen für das Wirken eines Mediators bzw. Konfliktmanagers.

In der Analysephase des Konfliktmanagements führen die Experten zuerst Tiefeninterviews mit allen Beteiligten, um deren Motive sowie ihre jeweils individuelle Sichtweise der Konfliktgeschichte zu erfahren. Danach wird ein Gutachten über die „Konfliktlandschaft" erstellt und dem Auftraggeber rückgespiegelt. Meist erfolgt als Nächstes der Auftrag zur Bearbeitung des Konflikts, um zu einer für alle Parteien guten Lösung zu kommen.

Moderation

Gute Moderation ist ein wichtiger Bestandteil externer Beratung in einem Übergabe-/Übernahmeprozess. Babak Kaweh hat hier eine gute Definition gefunden:

„Moderation ist die Begleitung einer Gruppe oder eines Teams in einem definierten Kontext. Das kann ein Projekt, eine Besprechung, eine Entscheidungssitzung sein. Der Moderator sollte über Coachingfähigkeiten verfügen. Moderation ist daher weitgehend mit Team- und Gruppencoaching gleichzusetzen." (Kaweh 2005, S. 18.)

Ein Moderator (und natürlich, wie in deinem Fall, eine Moderatorin) kann auch den Auftrag bekommen, den Prozess aus seiner externen Sicht zu beobachten und diese Beobachtung dann rückzuspiegeln. Gerade als Externer sieht er mehr als die am Prozess direkt Beteiligten mit ihrem ganz natürlichen blinden Fleck. Dies geht jedoch bereits in den Bereich der Supervision hinein.

Supervision

Freiwillig funktioniert es besser – so kann ich meine Erfahrungen mit Supervision zusammenfassen. Babak Kaweh definiert es erweitert:

„Supervision ist Anleitung zum selbstständigen Lernen und stammt aus dem Bereich sozialer Berufe, wird heute aber vermehrt auch für andere Berufsgruppen angewandt. Supervision dient zur Einführung in den Beruf und zur Begleitung während der Berufslaufbahn. Der Supervisor leitet zur Reflexion der berufsbezogenen Handlungen an." (Kaweh, S. 18.)

Wichtig ist, dass auch Supervision in einem zeitlich begrenzten Rahmen stattfinden sollte. Sie sollte immer die Verbesserung und Sicherung der Qualität im Fokus haben. Näheres erfährst du bei der European Association für Supervision (EAS, www.supervision-eas.de) oder bei der Österreichischen Vereinigung für Supervision (ÖVS, www.oevs.or.at).

DIE AUTOREN

Dr. Manuela Mätzener

Manuela Mätzener hat sich nach dem Medienkundlichen Lehrgang und einem Germanistik- und Philosophiestudium an der Universität Graz als PR-Beraterin zunächst auf Veranstaltungsorganisation und Kommunikation spezialisiert. Sie ist NLP-Lehrtrainerin, Systemischer NLP- und SDI®-Coach, SDI®-Aufstellungsleiterin und leitet Systemische Familien-, Struktur- und Organisationsaufstellungen. Als Systemische Familien- und Unternehmensberaterin begleitet sie mit ifub (Institut für Familien & Betriebe) Familienbetriebe beim Prozess der Übergabe und Übernahme.

Seit 1992: Schwerpunkt: interne und externe Kommunikation sowie Event- und Veranstaltungsmanagement für Unternehmen und im Kulturbetrieb

1997 – 2001: Gemeinsam mit Reinhard Prenn und Andrea Pavlovec-Meixner Planung und Durchführung der 14-monatigen Veranstaltungsreihe CHinA – Schweiz in Österreich

1998: Beginn der Trainertätigkeit und der Einzelarbeit

1999 – 2007: Kaweh & Mätzener Systemische Aufstellung

2002 – 2007: ComCom Netzwerk für Kommunikation

2007: Gründung von ifub – Institut für Familien & Betriebe

Kontakt: Dr. Manuela Mätzener, 0676 95 84 116, manuela.maetzener@ifub.at, www.ifub.at

Dr. Guido Schwarz

Guido Schwarz ist als Unternehmensberater, Trainer und Motivforscher in Wien tätig. Neben dem Studium der Philosophie und Gruppendynamik (Wien und Klagenfurt) vertiefte er sich in die Methoden der Qualitativen Motivforschung und leitet seit knapp 20 Jahren Projekte für die Wirtschaft und den universitären Bereich.

Als Autor des Buches „Qualität statt Quantität – Motivforschung im 21. Jahrhundert" entwickelt er ständig neue methodische Formate und ist in diesem Bereich auch Lehrbeauftragter der Uni Klagenfurt/IFF.

Seit 1992 ist er als freiberuflicher Trainer tätig, seine Spezialgebiete sind Gruppendynamik sowie Konfliktmanagement. Von 2004 bis 2007 war er geschäftsführender Gesellschafter der Firma Pentalog Unternehmensberatung GmbH mit Schwerpunkt Organisationsentwicklung.

Kontakt: Dr. Guido Schwarz, office@guidoschwarz.at, www.guidoschwarz.at

LITERATURVERZEICHNIS

Deutscher Industrie- und Handelskammertag (DIHK): Unternehmensbarometer. Berlin, 2007

IfM Bonn: IfM Bonn berechnet die Statistik der Unternehmensnachfolgen neu. 2004

Kaweh, Babak: Das Coaching-Handbuch. Für Ausbildung und Praxis. VAK-Verlag, 2005

Nagy, Ronald / Risak, Johann: Generationenfolge in Familienunternehmen: Übergaben erfolgreich gestalten. Facultas, 1999

Schwarz, Gerhard: Die Heilige Ordnung der Männer. VS – Verlag für Sozialwissenschaften, 2007

Schwarz, Gerhard: Konfliktmanagement – Konflikte erkennen, analysieren, lösen. Gabler Verlag, 2005

Trefelik, Rainer: Erfolgsfaktoren für den Generationswechsel in klein- und mittelbetrieblichen Familienunternehmen auf der Basis der Analyse zeitgeschichtlicher empirischer Daten. 1998 (Arbeit für den Rudolf-Sallinger-Fonds), Dissertation, Universität Berlin, 1997